PERIODIC TABLE OF THE ELEMENTS AND ESSENTIAL KNOWLEDGE OF THE ELEMENTS

元素周期表和元素知识集萃

第二版

周公度　王颖霞　编著

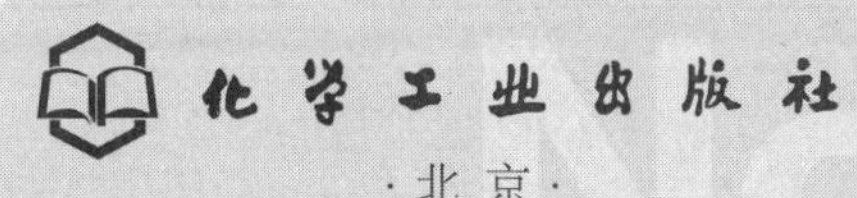

化学工业出版社
·北京·

图书在版编目（CIP）数据

元素周期表和元素知识集萃/周公度，王颖霞编著.
2版.—北京：化学工业出版社，2018.3（2025.1重印）
ISBN 978-7-122-31428-4

Ⅰ.①元… Ⅱ.①周…②王… Ⅲ.①化学元素周期表-基本知识 ②化学元素-基本知识 Ⅳ.①O6-64②O611

中国版本图书馆CIP数据核字（2018）第013277号

责任编辑：李晓红　　　　装帧设计：张　辉
责任校对：宋　夏

出版发行：化学工业出版社（北京市东城区青年湖南街13号　邮政编码100011）
印　　装：河北延风印务有限公司
787mm×1092mm　1/16　印张4¼　彩插1　字数101千字　2025年1月北京第2版第6次印刷

购书咨询：010-64518888　　售后服务：010-64518899
网　　址：http://www.cip.com.cn
凡购买本书，如有缺损质量问题，本社销售中心负责调换。

定　　价：28.00元

前 言

元素是具有相同核电荷数（质子数）的原子的总称。元素的性质按原子序数递增的次序排列，呈现周期性变化的规律。根据元素周期律把组成物质世界的所有元素分周期分族地排列成表，称为元素周期表。人们根据元素在表中所处的周期和族的位置，即可分析推断其性质和相互作用的趋势，获得对该元素的了解和知识。元素周期表是化学和物理学的一个珍宝。为了加深对各个元素的认识，我们在元素周期表的基础上，编写了这本小册子，对元素分族加以介绍：涉及历史故事、存在情况、基本性质、特性和应用、生物学作用（主要是对人体的作用）、核反应以及某些元素重要化合物的结构和性质，使读者不仅可以学习元素的基本知识，也可以了解各种元素及其化合物与我们生活的联系，丰富自己的知识，提高科学素养。

本书第一版出版后不久，2016 年 6 月国际纯粹和应用化学联合会（IUPAC）公布了第 113、115、117 和 118 号 4 个人工合成元素的英文名称和符号、命名依据以及这些元素的发现情况与相应的核反应特性，并在当年 11 月 30 日核准并发布了其英文名称和元素符号。我国科学技术名词审定委员会随即启动了中文命名工作，经公众征询、专家论证、两岸沟通，于 2017 年 5 月 9 日发布了新元素的中文名称。至此，元素周期表第 7 周期得以完成，预期的 118 个元素全部对号入座。

为将科学的新进展及时介绍给读者，我们对第一版的“元素周期表”进行了补充和修订，也借此机会对“元素知识集萃”部分的内容进行了修订。在介绍元素知识的基础上，给出了一些讨论和思考题，期待读者读过全书，掩卷而思，会有新的感悟和提高。

我们诚挚地感谢本书的责任编辑认真细致的工作，感谢化学工业出版社对本书的精美设计和编辑。我们也衷心感谢广大读者对本书的厚爱。在修改过程中，我们虽然在内容上进行反复核对，精益求精，但因水平有限，书中难免存在缺点和疏漏，敬请读者予以指正。

在本书出版后不久，欣闻联合国规定 2019 年为“国际化学元素周期表年”（International Year of Periodic Table of Chemical Elements，IYPT），以纪念门捷列夫创建元素周期表 150 周年。我们谨以此书表示祝贺！

周公度　王颖霞

2019 年 3 月

元素知识集萃目录

s区第1(1A)族元素

H

氢

(Hydrogen)

1号元素 H 氢

早在16世纪，科学家就注意到铁放入稀硫酸中能产生一种可燃气体。1766年凯文迪什（H. Cavendish，英）制出氢气，并命名为“可燃空气”。1787年拉瓦锡（A. L. Lavoisier，法）给“可燃空气”命名为“Hydrogen”（氢，意思是成水元素）。氢是宇宙中最丰富的元素，它的总质量占宇宙中普通物质（暗物质不计）质量总和的75%。地壳中氢的质量居第9位，约占0.9%，主要存在于水中。现在工业上用的氢气主要由甲烷制得。

氢的主要同位素及核性质：

中文名称	氕(音“撇”)	氘(音“刀”)	氚(音“川”)
英文名称	protium	deuterium	tritium
符号①	$^{1}_{1}H$,H	$^{2}_{1}H$,D	$^{3}_{1}H$,T
相对原子质量	1.0078250322	2.0141017781	3.0160492777
天然丰度/%	[0.99972,0.99999]	[0.00001,0.00028]	$\approx 10^{-16}$
半衰期 $t_{1/2}$	稳定	稳定	12.262a

① 标记元素同位素的方法是在元素符号的左下角示出原子序数，左上角示出质量数（即原子核中质子数和中子数之和）。

特性和应用 氢在周期表中位于第1族，但它和第1族其他元素的性质不同，所以单独列出。常温下氢为无色、无臭、极易燃烧的双原子分子组成的气体。H和O结合形成水（H_2O）。H和C（以及N、O等）元素结合形成庞大的有机物体系。氢最重要的化合物是水、氨和甲烷。氢是合成氨的主要原料。氢也是重要能源，它具有洁净、高效的特点，氢的产生、输运和储存是氢能源的关键问题。目前，大多数氢动力车辆是通过氢燃料电池驱动的。气体中氢气（H_2）的密度最小，标准状态下的密度为$8.99\times10^{-5}g/cm^3$。

生物学作用 氢是组成人体的主要元素，约占人体质量的10%。组成人体的化学元素中，氢在质量上占第3位，在数目上占第1位。生物体中水、酸、碱及各种有机物如蛋白质、碳氢化合物、脂肪、维生素等均含氢。氢与氧、氮等电负性高的原子共价结合的氢原子进一步与另外相邻的氧、氮之间形成的氢键，维持蛋白质、DNA 等分子的特定构象，一旦氢键被破坏，其功能就完全丧失了。

核反应和核能 氢核聚变是星球辐射能的主要来源之一。重水（D_2O）是核工业的重要原料。氘和氚发生热核聚变，可以释放巨大的能量。相应的核反应如下。

氚的产生：

$$^{1}_{0}n + ^{6}_{3}Li \longrightarrow ^{3}_{1}H + ^{4}_{2}He + 4.78MeV$$
$$^{1}_{0}n + ^{7}_{3}Li \longrightarrow ^{3}_{1}H + ^{4}_{2}He + ^{1}_{0}n - 2.87MeV$$

氘和氚的热核聚变（>100MK，等离子体）：

$$^{2}_{1}H + ^{3}_{1}H \longrightarrow ^{4}_{2}He + ^{1}_{0}n + 17.6MeV$$
$$\Delta H = -1698MJ/mol$$

产生的中子再去轰击^{6}Li，引导进一步的反应，放出更多的能量。核聚变反应的环境风险比^{235}U 核裂变小。太阳正是基于上述聚变过程而发热发光，它每秒消耗 6 亿吨 H，转化为 5.95 亿吨 He，亏损的 400 万吨质量，按照爱因斯坦质能联系方程 $E = mc^2$ 转变成辐射能，其中照射到地球上的光能约相当于 1.5876kg 的质量亏损。氢弹是一种威力强大的核武器，其巨大的能量也源于上述热核聚变反应。

s区第1（1A）族元素

Li, Na, K, Rb, Cs, Fr

碱金属

（Alkali metals）

碱金属是元素周期表中第1族（即1A族）金属元素的总称。它们有很高的化学活性，是金属性最强的还原剂，易于失去价电子变为一价正离子。碱金属和卤素、氧、硫等反应生成离子化合物，和水反应生成碱（MOH）并放出氢气（H_2）。这一族元素最为突出的特点是其氧化物和氢氧化物具有碱性，并因此而得名。碱金属与水反应时剧烈情况不同：

Li	Na	K	Rb	Cs
平稳	剧烈	剧烈，燃烧	爆炸	爆炸

碱金属溶于纯液氨，形成导电的溶液，浓度小时呈蓝色，浓度大时呈黄褐色。研究发现，蓝色与氨合电子有关。

碱金属发生焰色反应，各显示其特征的颜色。

Li	Na	K	Rb	Cs
深红色	黄色	紫色	紫色	蓝色

3号元素 Li 锂

1817年阿尔费德森（J. A. Arfvedson，瑞典）在分析一种名为“叶石”（硅酸铝锂）的矿石时发现了锂，其拉丁文“lithia”原意为“石头”。自然界中锂主要以锂辉石和锂云母等矿物存在。

锂是银白色最轻金属，常温常压下密度为0.535g/cm^3，质软，但比钠、钾硬。性活泼，在空气中易被氧化而变暗，需储藏于煤油或惰性气体中。锂盐在水中的溶解度与镁盐相似，而不同于其他碱金属盐。锂的同位素^{6}Li经反应堆里的中子照射后，可产生氚（详见氢的核反应和核能）。锂的热容较大［3.58J/(g·K)］，故用于核反应堆中吸收裂变反应放出的热，也用于制造轻合金（与铍、镁、铝等融合）。由于锂的原子质量很轻而电极电位低（E° = −3.04V），是良好的电极材料。锂电池已广泛地用于电动车、电动汽车、机器人、手提电脑、移动电话、照相机等电子产品。

锂电池 锂是摩尔质量最小的金属，同时有着很低的电极电势，因此锂电池有较高的能量密度。锂电池于20世纪70年代问世，当时采用锂金属单质作负极，使用中存在一定安全隐患。20世纪80年代，提出了“摇椅电池”的概念，即充放电过程中，锂离子在正负电极间来回移动。由于锂离子半径只有76pm，可在多种晶体结构中移动而不破坏母体结构，实现可逆的嵌入、脱出过程，即所谓的“锂离子电池”。电池由正极、负极和电解质三部分组成。目前，锂离子电池通常采用石墨作为负极，电解质是 $LiClO_4$（或 $LiPF_6$）与有机溶剂（碳酸乙烯酯、碳酸二甲酯等）的混合物，正极活性材料为层状金属氧化物，典型的材料是 $LiCoO_2$。在充放电过程中，电极发生下述反应。

放电过程：$LiC_x(x \approx 6) + CoO_2 \longrightarrow Li_{1-y}C_x + Li_yCoO_2(0 < y < 1)$

充电过程则是上述放电反应的逆过程。

1997年，具有橄榄石型结构、以磷酸铁锂（$LiFePO_4$）为代表的磷酸盐系正极材料受到关注。尽管该体系因铁离子电极电势较低而导致容量较低，但是其在充放电过程中，锂离子在一维通道脱出和嵌入，可以保持结构稳定，因而在安全性、循环稳定性、寿命、低成本（不含钴）等方面都比 $LiCoO_2$ 显著提高，目前已广泛应用于电动车的锂电池中。

11号元素 Na 钠

1807年戴维（H. Davy，英）通过电解苛性钠制得金属钠。元素名称源于英文“soda”，意为“苏打”。元素符号源自拉丁文“Natrium”。地壳中钠含量丰富，其主要存在形式是氯化钠。海水中盐类占4%，其中的氯化钠含量高达3%。在海边建盐田，引入海水，经风吹日晒，蒸发掉水分，即可结晶出NaCl晶体。全球每年生产的氯化钠超过2亿吨。通过电解熔融氯化钠制的金属钠每年产量约10万吨。

钠是银白色金属，质轻且软并富延展性，常温时呈蜡状，低温时变脆。液体钠是液体中传热本领最高的一种，有些核电站用它做冷却剂。钠的化学性质非常活泼，需存放在煤油中。钠能和许多非金属直接化合。燃烧时呈现黄色火焰。遇水剧烈作用，生成氢气和氢氧化钠，在冰上也能发生作用而燃烧。钠有许多用途，钠光灯可用作单色光源，并用于公路和机动车的照明。含钠的大宗工业产品有：氢氧化钠（NaOH），又称苛性钠、烧碱、火碱；碳酸钠（Na_2CO_3），又称纯碱、苏打；碳酸氢钠（$NaHCO_3$），又称小苏打。

生物学作用 钠约占人体质量的0.15%，多以钠离子（Na^+）形式存在，60%的钠存在于细胞外液（浓度为136～146mmol/L），10%存在于细胞内液（浓度为10mmol/L），其余30%存在于骨骼中，骨骼可视为 Na^+ 的体内储存库；Na^+ 和氯离子（Cl^-）是维持细胞外液渗透压的主要离子。Na^+ 对维持神经肌肉系统的应激性有重要作用。血浆中 Na^+ 浓度升高，心肌兴奋性增强。成人每日需钠2g，即需摄入食盐约5g，摄入量过多易引发高血压。

19号元素 K 钾

1807年戴维（H. Davy，英）通过电解苛性钾制出金属钾。元素名称源于英文“potash”，意为“木炭碱”（碳酸钾）。元素符号源自拉丁文“kalium”。天然矿物有钾石盐（KCl）、钾硝石（KNO_3）、光卤石（$KMgCl_3·6H_2O$）和钾长石［$K(AlSi_2O_6)$］等。海水里含微量的钾盐，陆生植物和海藻燃烧后的灰分里含较多的碳酸钾。

钾是银白色蜡状金属，质软，比水还轻。钾的化学性质极为活泼，燃烧时呈紫色火焰。需存储在煤油中。超氧化钾（KO_2）与水和 CO_2 作用可产生 O_2，用于供氧装置中。钾钠合金（NaK）的熔点只有－12.5℃，易传热又不易固化，故在增殖反应堆中用作热交换剂。^{40}K 存在于许多岩石中，半衰期长达 12.5 亿年，故广泛应用于岩石年代的确定。

生物学作用　钾是人体常量元素。以钾离子（K^+）形式存在，98%存在于细胞内液，其中 K^+ 含量高达 150mmol/L，而在细胞外液中 K^+ 含量仅 4.1～5.6mmol/L（成人）。K^+ 对维持神经肌肉系统的应激性有重要作用，对神经信号的产生和传输至关重要，对心肌有抑制作用。钠和钾是人体必需元素。细胞膜上有特定功能的“离子泵”，控制细胞内外离子的浓度，Na^+ 主要在细胞膜外，K^+ 主要在细胞膜内，二者维持一定的浓度保持心肌和神经肌肉的正常功能。天然食物中含钾丰富，正常膳食可满足机体对 K^+ 的需要。长期不进食的人要注意补钾。钾是植物生长所必需的元素之一，对促进茎叶生长、增加植物籽实和块根里的淀粉和糖的含量起着重要的作用。钾和氮、磷一起构成化学肥料的三大主要成分。

37号元素 Rb 铷

1861 年本生（R. W. Bunsen，德）和基尔霍夫（G. R. Kirchoff，德）用光谱法从锂云母矿中发现了这种元素。名称源于其在光谱中所呈现的深红色，取自希腊文“rubidus”（意为深红色）。在自然界，铷散布在光卤石和很少见的铯榴石［$Cs(AlSi_2O_6)$］中。

铷是银白色蜡状金属，质软。化学性质极活泼，胜于钾，需储存于煤油中。铷受光照易放出电子，用于光电管以及光电池中。铷汞齐用作催化剂。$RbAg_4I_5$ 室温下具有优良的离子导电性。

55号元素 Cs 铯

1860 年本生（R. W. Bunsen，德）和基尔霍夫（G. R. Kirchhoff，德）用分光镜检验矿泉水的光谱时发现了这种元素。名称源于拉丁文“caesius”，意为“天蓝色”，因铯的光谱中有两条蓝线。在自然界，铯分散在光卤石和很少见的铯榴石［$Cs(AlSi_2O_6)$］中。

铯是银白色金属，质轻而软且有延性。金属铯的熔点（28.5℃）仅高于汞，应储存于煤油中。铯在光照下易放出电子，用于制光电管、摄谱仪、红外信号灯、光学仪器和检测仪器，还用于清除真空系统（如电视机显像管）中的残余气体。^{133}Cs 被确定为时间的标准，即铯原子钟。

铯原子钟　利用铯原子内部的电子在两个能级间跳跃时辐射出来的电磁波作为标准，去控制校准电子振荡器，进而标定钟的走动节奏。1967 年，国际单位制（SI）定义“1 秒钟等于铯-133 原子在两个能级之间转换 9192631770 个辐射周期所需要的时间”。

^{137}Cs 是铀裂变的主要产物之一，为高毒性的放射性同位素。2011 年日本福岛核电站因地震受到破坏，^{137}Cs 溢散到大气中。

87 号元素 Fr 钫

1939 年佩雷（M. Perey，法）研究锕的衰变产物时发现钫，为纪念其祖国法兰西（France）而命名之。^{223}Fr 是自然界中钫唯一存在的同位素，是天然铀锕系放射衰变的产物，地壳中含量估计仅为 30g。

s 区第 2 (2A) 族元素　碱土金属

Be, Mg, Ca, Sr, Ba, Ra　**(Alkali earth metals)**

碱土金属是元素周期表中第 2 列元素铍、镁、钙、锶、钡、镭的总称，核外价电子组态为 ns^2。因其氧化物兼具碱性（只有 BeO 为两性）和土性（熔点高）而得名。碱土金属性质活泼，除铍外，皆可生成典型离子型过氧化物。碱土金属 Mg、Ca、Sr、Ba 以及碱金属 Na、K 都是英国化学家戴维（H. Davy，1778—1829）发现的。戴维在读拉瓦锡《化学元素论》时，看到“盐的土质可能都含有氧，这些土质可能是某种金属的氧化物”的说法，戴维思维敏捷，提出“电解”和“化学亲和力”之间的关系，认为化学亲和力实质上是一种电力。他利用当时刚刚发现的伏打电堆，通过电解方法，克服种种困难，把土质中的金属和氧分开，发现了土质中的金属元素。

4 号元素　Be 铍

1798 年，沃克兰（L. N. Vauquelin，法）在分析绿宝石的成分时发现了铍。铍矿石近 30 种，但很分散，主要为绿柱石（beryl），分子式 $Be_3Al_2Si_6O_{18}$，元素名称亦由此而来。

铍为浅灰色金属，有延展性，密度只有铝的 2/3，导热性是钢的 3 倍、铝的 2 倍，为金属中的良导热体。铍的化学性质活泼，与铝相似，在空气中能形成保护性的氧化层，在常温甚至在红热时皆稳定，氧化铍呈现出两性。金属铍用于制作导弹和火箭的部件；薄片能透过 X 射线用以制造 X 射线管窗口。铍铜合金硬度大，受撞击时不产生火花，用于制作油井和有可燃气体存在场所使用的工具。含铍的宝石有绿宝石（祖母绿）、海蓝宝，是美丽坚硬的晶体。

铍属剧毒物质，铍化合物皆有毒。空气中若含有 $1mg/m^3$ 的铍，便能使人立即得急性铍肺病，死亡率极高。铍也可致癌。

12 号元素　Mg 镁

1808 年英国化学家戴维（H. Davy）用电解法从硫酸镁和氧化汞的混合物中得到了镁汞

合金，蒸去汞后得到金属镁。镁的英文名称“Magnesium”源于蕴藏丰富镁矿的希腊地名“Magnesia”（马格尼西亚）。地壳中镁含量丰富，居第6位。主要矿物有菱镁矿（$MgCO_3$）、白云石［$CaMg(CO_3)_2$］、光卤石（$KMgCl_3 \cdot 6H_2O$）等。海水是镁的不竭之源。目前金属镁的制备方法主要是高温下电解 $MgCl_2$。

镁为银白色金属，质轻（密度为1.738g/cm^3），硬度中等，富延展性，导热导电性强。镁的化学性质活泼，具有强还原性，在潮湿空气中表面会生成氧化物膜而变暗，也可与氮、硫、卤素等化合。镁能和铝、钒、钛等金属形成力学性能优良的合金，广泛用于航空、航天、车辆、建材等各个方面。在常见的结构金属材料中，镁的用量仅次于铁和铝，排在第三位。镁在冶金工业中用作还原剂，制备金属铍和钛等；在炼钢工业中可用镁作脱硫剂并使石墨球化而形成球墨铸铁，增强铁的延展性和抗裂性。镁粉易燃并放出极强的白光，富紫外线，对照相底片的感光力极大，镁光灯就是利用了这一特性。

镁是生物体的必需元素。在绿色植物的叶绿素中，镁离子居于中心位置，叶绿素中镁含量大约2%。镁主要以 Mg^{2+} 的形式存在于人体中，70%分布在骨骼，其余在软组织和细胞内外液中。镁为骨细胞结构和功能所必需，保证其正常生长和坚固度。镁是多种酶系的辅助因子或激活剂，广泛参与体内各种代谢过程，参与细胞内的能量释放和转化。镁离子对钾离子的运输、钙离子通道的活化启动及神经信息的传导和心肌作用十分重要。缺镁会导致心律不齐和肌肉颤抖。成人每天需要200～400mg镁。

20号元素 Ca 钙

1808年戴维（H. Davy，英）对石灰和氧化汞的混合物进行电解，得到钙汞齐，除去汞后制得钙，贝采里乌斯（J. J. Berzelius，瑞典）和蓬丁（M. M. Pontin，瑞典）也用类似方法制得钙，并与戴维交流分享。钙的名称源于拉丁文“calcis”，意为“石灰”。钙在地壳中的丰度排序为第5位。自然界中，钙化合物分布极广，有石灰石（$CaCO_3$）、大理石、方解石（$CaCO_3$）、白垩、石膏（$CaSO_4 \cdot 2H_2O$）、磷灰石［$Ca_5(PO_4)_3(F,Cl,OH)$］、白云石［$CaMg(CO_3)_2$］、萤石（CaF_2）、珊瑚等。其中，石灰石是方解石和文石（$CaCO_3$）的统称；白垩是富含碳酸钙的黏土；大理石是多种岩石形成的建筑材料的名称，主要成分仍为碳酸钙；珊瑚是由珊瑚虫分泌的石灰质骨骼聚结而成的，主要成分也是碳酸钙。

钙为银白色金属，质软，新切断处呈现明亮的结晶面。钙的化学性质活泼，具有强还原性，易与卤素、氮、硫等化合。

钙的用途很广：（1）金属钙是强还原剂，冶金工业中用作脱硫剂、脱氧剂，用于制备稀土元素；（2）利用石灰石（碳酸钙，$CaCO_3$）烧制石灰（CaO），它与水混合形成熟石灰 $Ca(OH)_2$，熟石灰在空气中吸收二氧化碳再变为碳酸钙，所以石灰用作建筑材料；（3）制石膏，生石膏（$CaSO_4 \cdot 2H_2O$），熟石膏（$CaSO_4 \cdot \frac{1}{2}H_2O$），用于建材、塑像、模型、医疗等；（4）制造电石（CaC_2），高温下钙与碳直接反应，或CaO与C反应制得电石。电石与水反应生成乙炔气，可以作为化工原料；早期的纱灯即利用此过程生成的乙炔气燃烧照明；(5) 氯化钙是重要化工原料，也是良好的融雪剂。

生物学作用 钙是人体中含量最多的金属元素，约占人体总质量的1.5%～2%。人体中钙90%以上分布在骨骼及牙齿中，其余的钙分布于体液及其他组织中。血液中的钙几乎全部存在于血浆中，一般成人血钙浓度为2.10～2.55mmol/L。Ca^{2+} 参与体内多种生理生化过程，在肌肉收缩、腺体的分泌及细胞生长等方面都起重要的作用。Ca^{2+} 还是许多酶的激活剂，如淀粉酶、脂肪酶。Ca^{2+} 能降低神经肌肉的兴奋性，血清中 Ca^{2+} 浓度降低，肌肉兴奋性增加，导致抽搐。Ca^{2+} 有利于心肌收缩。缺钙儿童易患佝偻病，成人缺钙易患骨质疏松。含 Ca^{2+} 的硬水会给生活和生产带来不少麻烦。

38号元素 Sr 锶

1808年戴维（H. Davy，英）通过电解氧化锶与氧化汞的混合物，制得锶汞齐，进而发现了锶。名称源于英文“Strontian”，乃苏格兰一城镇名，戴维所使用的氧化锶便产于该镇附近。主要矿物有天青石（$SrSO_4$）和菱锶矿（$SrCO_3$）。

锶是银白色金属，质软似蜡。锶的化学性质活泼，与水和酸作用剧烈！含锶的盐在无色火焰中呈红色，用于制焰火、光弹和光电管。

^{90}Sr 有放射性，半衰期28.5年，可用于医疗检测。作为核爆炸（铀核裂变）的副产物，^{90}Sr 从大气沉降到地面后，污染环境，再经食草动物转入人体，蓄积致癌。

锶是人体非必需但有用的微量元素，以牙齿和骨骼内分布最多（牙釉质180mg/kg，牙本质90mg/kg，骨120mg/kg），其他组织较少。作为骨骼和牙齿的必需成分，锶与骨骼和牙齿的形成密切相关。随年龄增长，骨内的锶含量增多。临床上通过检测锶的浓聚程度来判断骨愈合程度。

56号元素 Ba 钡

1808年戴维（H. Davy，英）电解氧化钡与氧化汞的混合物（重土），生成钡汞齐，并制得金属钡。名称源于希腊文“barys”，意为“重的”。主要矿物有重晶石（硫酸钡）和毒重石（碳酸钡）。

钡是银白色金属。钡粉遇潮气自燃，需储存于油中。钡用于合金（钡受热后极易放射电子）制造、焰火（绿色）、核反应堆等，也用作真空系统中杂质气体的清除剂和精炼金属时的除氧剂。将氧化钡掺入玻璃中，可以增加折射率；由重晶石调制的泥浆常用以防止油井的井喷。

除难溶的硫酸钡外，一切钡盐皆有毒！对人的致死量为0.8g。钡餐是将硫酸钡粉末加入乳化剂分散在水中形成的浆液。因为钡元素吸收X射线能力强，用于X射线胃肠造影，根据它在胃肠中的分布，了解病灶的位置。

88号元素 Ra 镭

1898年居里夫妇（P. Curie和M. S. Curie，法）在处理沥青铀矿时，发现了一种新的化学性质类似钡的放射性元素，其紫外光谱有一条特征的谱线，试样的放射性越强，这条谱线也越清晰。他们给这个元素起名“Radium”，意为“赋予放射性的物质”。为了得到金属镭，从1899年到1902年底，他们经过45个月的努力，处理了8t铀矿渣，得到0.1g氯化镭。1911年居里夫人和德贝恩合作，通过电解得到了金属镭。

镭呈银白色，化学性质活泼。在空气中放置会变黑色，可能是形成氮化物所致。镭发射出α和γ射线。1g镭一年发射的能量约为4186kJ。镭的放射性可以用来治疗癌症及其他疾病。若镭进入人体，会以类似于钙的途径进入骨骼，发射的α粒子会使红细胞发生变化。过量的镭的射线照射，也会破坏红细胞，导致贫血症和白血病。居里夫人和她的女儿都死于血液病，这与她们长期从事镭的研究工作，因而受到镭的辐射有关。镭及其衰变产物发射γ射线，可用作镭γ标准源和镭-铍中子标准源，也可用于金属材料内部探伤。镭的研究促进了放射化学的发展。鉴于居里夫人对镭和钋的发现及放射性研究的贡献，她曾两度获诺贝尔奖：1903年获诺贝尔物理学奖，1911年获诺贝尔化学奖。

p 区第 13 (3A) 族元素　硼族元素

B, Al, Ga, In, Tl　**(Boron group elements)**

5 号元素　B 硼

1807 年盖·吕萨克（J. L. Gay-Lussac，法）和泰纳（L. J. Thenard，法）用金属钾还原氧化硼（B_2O_3，硼酸脱水产物）制得单质硼，1808 年戴维（H. Davy，英）也用同样的方法制得纯硼。主要矿物有硼砂［$Na_2B_4O_5(OH)_4 \cdot 8H_2O$］、硬硼钙石｛$Ca[B_3O_4(OH)_3] \cdot H_2O$｝、方硼石（$Mg_3[B_7O_{12}]OCl$）等。

硼的单质有多种形态，无定形硼为黑色粉末，晶形硼为银灰色，硬度仅次于金刚石，较脆。硼单质相对惰性，可溶于浓硝酸和硫酸。

硼化合物用途广泛。硼玻璃可透紫外线。硼还是有效的中子吸收剂。硼化物多坚硬、熔点高，是化学惰性材料。将少量硼掺入硅晶体中制成的 p 型半导体，用于制造太阳能电池。硼烷可在航天工业中用作高能燃料。硼和氮可以形成氮化硼（BN），它和碳（C）是等电子体，可以形成类似金刚石或石墨的结构。金刚石型的立方氮化硼硬度接近金刚石，用作高温磨料和切割器，可以避免金刚石使用时碳化物的形成。六方氮化硼应用广泛，从航空器的保温层（耐氧耐高温），到工业润滑剂，乃至日常化妆品的添加剂（白色有光泽），均可见到它的踪影。

13 号元素　Al 铝

1825 年厄尔斯泰德（H. C. Oersted，丹麦）用钾汞齐还原无水氯化铝获得不纯的金属铝。1827 年，维勒（F. Wohler，德）用金属钾还原无水氯化铝得纯品铝，并被公认为铝的发现者。将氧化铝与冰晶石共熔电解而制得铝，纯度高达 99.8%，此法由霍尔和赫洛特于 1886 年各自独立发明，沿用至今。铝名称源于拉丁文“alumen”，意为“明矾”。铝在地壳中含量仅次于氧和硅，是含量最高的金属元素。矿物有黏土矿、长石、云母等铝硅酸盐，以及铝土矿［主要成分为 $Al(OH)_3$］、硬水铝石［$AlO(OH)$］、冰晶石（Na_3AlF_6）和明矾石［$KAl_3(SO_4)_2(OH)_6$］等。

铝是银白色轻金属，密度小（2.698g/cm^3），有延展性，俗称“钢精”。在空气中表面形成的氧化物薄膜起保护作用。铝具有两性，既可溶于强碱生成铝酸盐和氢，又可溶于稀酸生成铝离子和氢。由于金属铝具有质轻、价廉、导电性好、无毒、无臭、无味、导热性好等优点，在金属中应用最广泛，产量仅次于铁。铝中加入铜、镁、锰等制成的合金，具有质轻、坚硬和高抗张强度的特点，是制造航空航天器、汽车、快艇等的优良材料。刚玉（α-Al_2O_3）硬度高，耐磨性好，用于制作仪表的轴承和精密天平的刀口。人造刚玉可代替天然宝石，添加铬、钛和铁、镍等元素可分别形成红宝石、蓝宝石和黄宝石，除用作装饰品外，还用作激光器。日常生活中，常见的铝化合物是明矾［$KAl(SO_4)_2 \cdot 12H_2O$］。

铝对人体是一种低毒、非必需的微量元素。其生化功能涉及酶、蛋白质、DNA和钙、磷的代谢作用。

铝是地壳中仅次于氧和硅、丰度排第三的元素，广泛存在于土壤、矿物之中。生活中人们常用明矾做净水剂，即利用明矾在水中可以水解为絮状多聚羟基铝酸根的性质，使之与水中的悬浮物作用而发生聚沉，达到净化水的效果。传统上，炸油条、烘焙面包等食物时也会加入明矾等含铝化合物，达到蓬松表皮酥脆的效果。铝制炊具或铝箔等由铝合金制得，也广泛应用于日常生活中。有报道称：摄入过多的铝会导致神经、骨骼和造血功能的异常，引发老年痴呆，对此应加以关注，但不必惶恐。

31号元素 Ga 镓

1875年布瓦博德朗（L. de Boisbaudran，法）从锌矿中将镓制出，并用分光镜予以检出和鉴定。名称源于拉丁文“Gallia”，意为“高卢”（罗马帝国统治时期法国的名称），以纪念他的祖国法兰西。镓是分散元素，无单独矿物，常与铝、锌、锗的矿物共生，是铝、锌冶炼中的副产物。

镓为浅蓝色软金属，液态为银白色，高温时能与大多数金属作用，生产具有特殊性能的合金（超导或低熔点）。三价镓的氧化物和氢氧化物是两性的。

主要用途：（1）制备GaAs、GaSb等半导体材料，用于发光二极管、太阳能电池中；（2）金属镓熔点低（30℃），沸点高（2403℃），可以用于制作高温温度计；（3）镓和铟、锡形成的合金（Ga 76.4%，In 14.4%，Sn 9.2%）的最低共熔点为11℃，可代替有毒的汞，用于制作体温计。

49号元素 In 铟

1863年赖希（F. Reich，德）和李希特（H. T. Richter，德）从锌矿中分出In_2S_3，并用分光镜验证。名称源于“靛蓝”（indigo），因其化合物在火焰中呈靛蓝色。铟是分散元素，无单独矿物，常与锌共生，见于闪锌矿中，含量仅在0.1%以下。

铟是浅蓝色金属，延展性好，比铅软，耐蚀性极强，燃烧时产生紫色火焰，加热时与硫、卤素、硒、碲、磷作用。铟可与多种金属形成合金，用于制造熔点低或导热性好的合金，用于晶体管和光电池中。将铟箔插入核反应堆中可以控制反应的进行。铟的多种化合物（磷化铟、砷化铟、锡化铟、锑化铟）都是半导体材料。掺 SnO_2 的 In_2O_3，简称 ITO，是常用的半导体材料。

81号元素 Tl 铊

1861 年克鲁克斯（W. Crookes，英）在用分光镜检验硫酸厂的废渣时，发现了一条绚丽的绿线，由此发现了铊。名称源于希腊文“thallos”，意为“新苗，嫩枝”。铊属于稀散元素，多由铜、铅、锌等的硫化物矿石中提取。海底的锰结核矿中亦含铊。

铊是柔软的重金属，色白似铅，延展性好，在空气中生成厚的氧化物膜（Tl_2O）而变成暗灰色。铊用于制作低温电子开关（铊汞合金）、光电池和红外探测仪（硫化铊）。

注：铊及其化合物有剧毒！其毒性高于铅和汞，是一种有蓄积性的强神经毒物。成人最小致死量为 12mg/kg。儿童最小致死量为 5～7.5mg/kg。铊中毒的特效解药为普鲁士蓝。

p 区第 14 (4A) 族元素　碳族元素

C, Si, Ge, Sn, Pb　(Carbon group elements)

6 号元素　C 碳

碳是古代已知元素。碳的单质有金刚石、石墨、1985 年发现的球碳（又称富勒烯），以及非结晶碳，如木炭、煤、活性炭、焦炭等。迄今碳元素是工业中产量最高的非金属元素。碳在地壳中含量只占 0.027%（质量分数），其中 99.7%以煤、甲烷和碳酸盐的形式存在，0.2%在大气中以 CO_2 和 CH_4 出现，剩余不到 0.1%的碳组成有机化合物。在地球上已发现和合成得到的化合物种类数目中，含碳有机物占 90%以上。

碳的同位素　碳有 ^{12}C、^{13}C 和 ^{14}C 三种同位素，其特性和应用分述如下：^{12}C 是碳的主要成分，占碳总量的 98.93%。^{12}C 是 IUPAC 规定的相对原子质量的物质标准，以其为基准，确定原子质量单位（英文名称为 atomic mass unit，单位符号 u）：即处于基态的 ^{12}C 原子质量的 1/12。$1u = 1.66055402(10) \times 10^{-27}kg$。例如，碳的相对原子质量为 12.0107(8)，即碳的原子质量为 12.0107u，(8)表示该数据的最后一位偏差为 8。^{13}C 的核自旋 $I = 1/2$，在核磁共振（NMR）中有响应。^{13}C NMR 是分析含碳化合物分子结构的重要方法。因 ^{13}C 天然丰度只有 1.1%，在分子中相邻两个 C 均为 ^{13}C 的概率极低，所以不会出现 ^{13}C-^{13}C 耦合导致的自旋-自旋裂分，故每一组环境不等同的碳只出现一条明锐的谱线，方便解析分子结构。^{14}C 是碳的放射性同位素，半衰期为 5730a，在考古学上用以测定地质中埋藏的生物体的年代。

碳的同素异构体　碳是元素中同素异构体数目最多的元素，例如立方金刚石、六方金刚石、六方石墨、三方石墨，C_{60}、C_{70}、C_{72}、C_{82}、C_{84} 等各种球碳，以及 C_{60}@C_{240}@C_{540}@C_{960}@…洋葱状多层球碳（化学式中@表示前面的组元包含在后面的结构中），单层和多层碳纳米管、碳纳米角等等。晶态碳有三种代表性的同素异构体：金刚石、石墨和球碳。金刚石结构中，碳原子以 sp^3 杂化轨道按四面体取向成键而形成晶体。每个原子都以 C—C 共价单键和周边原子结合，可以说一粒金刚石就是一个大分子。金刚石硬度居所有物质之首。石墨结构中，碳原子以 sp^2 杂化轨道按平面三角形和周围 3 个原子结合，每个原子剩余一个轨道和一个电子相互形成离域键，形成平面型分子，因此石墨能导电、具有黑色金属光泽。层型石墨分子平行地堆积起来，形成石墨晶体。球碳结构中，碳原子以介于 sp^2 和 sp^3 之间的杂化轨道型式相互结合形成一个一个球形分子，最常见的是以 60 个 C 原子组成足球形状的分子 C_{60}，C_{60} 分子堆积在一起，形成棕黑色的粉末状晶体。

金刚石是最硬的天然物质，也是最名贵的宝石。它折射率高（$n_D = 2.4173$），对称性高，纯净的为无色透明晶体，若含少量杂质会出现黄、褐、蓝、绿等颜色。经过精细雕琢，可形成对称多面体，在光照下，呈现霓虹色彩，美丽非凡。天然金刚石产量稀少，价格昂贵。金刚石亦可人工合成。细粒金刚砂（corundum，emery）是碳化硅的（SiC）的俗名，结构和金刚石相似，硬度高，生产价格便宜，可作细粒金刚石的代替品，作研磨和切割材料。

石墨具有层型结构，层内碳原子间形成离域 π 键，因而具有优良的导电性，可用以制作电极。包铜箔的石墨焊接电极，广泛用于钢铁的焊接工艺中。铅笔是用石墨和黏土等混合、加压制成。写字时，层型石墨分子受力铺在纸上（不一定是单层），由于笔迹的色泽和金属铅表面的色泽相似因而得名，也就是说铅笔不含铅。石墨烯（英文名称为 graphene）是近年来备受关注的材料，它是单层石墨分子。可以用简单的胶带从石墨中“粘”出来，也可用高科技手段从石墨中分离，或者选择合适的含碳化合物，通过反应在衬底上（如硅单晶表面）形成。北京大学的研究人员以甲烷等碳氢化合物为原料，控制条件，在洁净的金属铜表面生长出面积较大的石墨烯，可用于制作柔性透明电极。

碳纳米管可看作是球碳的球体沿一个方向延伸形成开口或闭合的管状结构分子，或者由石墨层卷曲连接而成。理论计算表明，碳纳米管具有极高的强度和极大的韧性，其强度约为相同粗细钢条的 100 倍，而密度只有钢的 1/6，是又一种待开发的新领域。

无定形碳包括炭黑、烟炱、活性炭、焦炭、煤等，是制作多种重要工业产品的必需材料。

有机化合物，除甲烷及其衍生物外，可看作是含有碳-碳键的化合物，根据碳的单质的成键规律和结构型式，可将有机化合物分成三族，即脂肪族化合物、芳香族化合物和球碳族化合物，各族化合物都具有其通性。

碳是生命世界中最重要的元素，它构成有机物质的分子骨架。生命的基础物质如糖、蛋白质、脂肪、核酸等都是由碳骨架构成的。碳占人体质量的 19%左右，是排在氧之后，即按质量计占第二位的元素。

14号元素 Si 硅

1823 年贝采里乌斯（J. J. Berzelius，瑞典）用金属钾还原四氟化硅得到。名称源于拉丁文“Silex”，意为“燧石”。自然界中硅分布极广，资源丰富，是地壳中含量仅次于氧的元素，按质量计达 25.7%。主要以二氧化硅和硅酸盐的形态存在。主要矿物有石英（SiO_2）、长石和黏土等。中文名称硅（音归，gui），是 20 世纪 50 年代由中国化学会定名的。早期根据英文读音曾定名为“矽（音夕，xi）”，这一名称至今仍在港澳台地区应用。大陆医生对吸入含硅化合物而发生的职业病还常称“矽肺”（现称为“硅沉着病”），硅和铁形成的合金钢也常称作“矽钢”。

硅的化学性质不活泼，常温下与空气、水和大多数酸无明显作用，但能与氢氟酸发生化学反应。晶态硅有金属光泽，莫氏硬度6.5。分为单晶硅和多晶硅均具有半导体性质，无定形硅为灰黑色粉末。用途：（1）纯净的单晶硅（纯度达8个9以上）是制作芯片的基础材料，决定着信息工业的发展。（2）以金属铝作衬底，在其表面“植上”一层10～25μm的单晶硅层，即成太阳能电池中将光能变为电能的关键部件，是能源工业的基础。（3）石英的化学成分是SiO_2，天然和人工生长的无色透明晶体，俗称水晶，带颜色和花纹的称玉髓和玛瑙，可做饰品、工艺品，天平的刀口，研钵；融化的石英制成石英玻璃，热膨胀系数低，耐压强度大，折射率高，可做精密光学元件、高压汞灯、化学仪器；超纯的石英玻璃纤维是光纤通讯的介质材料。（4）黏土的主要成分是硅铝酸盐，可以烧制陶瓷，用高岭土生产的瓷器洁白光亮，如同玉石，早年欧洲人称之为china，后来演化为中国的英文名称China。（5）硅铝酸盐可以形成具有分子级孔道的多孔材料，俗称分子筛，广泛应用于吸附、分离和催化剂领域。（6）有机硅材料。利用硅与氧以及烷基结合的特点，可以控制形成各种硅氧烷，获得性能优良的硅油、硅树脂、硅橡胶、防水树脂等，广泛应用于工业和日常生活中。

生物学作用 硅是人体的必需元素，主要存在于皮肤、主动脉、气管、肌腱以及骨骼和结缔组织中，参与重要的生命过程。

1886年温克勒（C. A. Winkler，德）分析处理硫银锗矿时得到GeS_2，再用氢气还原后制得锗。名称源于英文“Germany”，意为“德国”，发现者以此纪念他的祖国。锗就是门捷列夫曾预言过的“类硅”。锗是分散元素，常与Ag、Pb、Sn、Sb在硫化物中共生，存在于煤、铁矿和某些银矿、铜矿中。矿物有硫锗铁铜矿（$Cu_6Fe_2GeS_8$）、硫锗银矿（Ag_8GeS_6）和硫铁铜矿［$Cu_3(Fe,Ge)S_4$］等。

锗是银灰色金属。晶态锗质脆，加工性能似玻璃，有明显的非金属性质。细的锗粉能在氯或溴中燃烧。锗是优良半导体。高纯度的单晶锗可制造晶体管，掺入杂质元素（As、Ga、Sb）后的锗用于制作锗芯片，此举被认为是电子器件微型化的革命性举措。当前锗的主要应用是制作通信网络的光纤。另外，SiGe微芯片在无线电通信中已取代了GaAs芯片。

生物学作用 锗是人体非必需但有用的微量元素。有一定的非特异免疫增强作用。在人参、灵芝、枸杞等药材中含量较高。有机锗具有生理活性、药理作用，但用量需要控制，很多有毒副作用。

50号元素 Sn 锡

早在公元前约2100年，埃及、中国和希腊等地古人用木炭还原锡石（SnO_2）制得锡。将锡和铜制成青铜合金，开启了人类的青铜时期。英文名称“tin”源于意大利古国Etruscan的一个神的名字“Tinia”，元素符号Sn源于拉丁文“Stannum”。

金属锡化学性质稳定，不易和水、空气及有机酸作用，外观保持银白色光泽，可制作锡壶等日用器皿，供盛酒等使用。铁皮表面镀锡形成镀锡铁，有抗锈蚀功能，可用来做罐头盒。由于此材料 20 世纪 50 年代前内地多由澳门（Macao）进口，所以按音译称为“马口铁”；也有另外的说法，因为材料被用于制作煤油灯灯头，形似“马口”而得名；如今这一名称已被废止。金属锡质软而富延展性，可制成很薄的锡箔，用以包装糖果、香烟等。锡可以和多种金属形成合金，如铜 70%、锡 20%和铅 10%的合金耐冲击、耐腐蚀、耐高温，用以制造轴瓦；锡锆合金可用作核反应燃料棒的包装外壳；锡镓合金高温下易熔化，用于消防自动报警装置；锡铅合金用作焊锡等。铜锡合金称为青铜，十分坚硬，改变了纯铜和纯锡较软的性质。我国夏商周时代广泛使用青铜，史称青铜时代。在浮法玻璃生产过程中是将锡熔化，将玻璃熔融液倾入到液态锡的表面，可得到平整的玻璃产品。

锡是人体必需的微量元素。锡化合物具有抗肿瘤活性，能促进蛋白质及核酸的合成并维护其三维空间结构。金属锡无毒，大多数无机锡化合物属于低毒或微毒类，但有机锡化合物多数有毒。

锡疫的故事 常温常压下锡的存在形式为白锡，密度为 $7.28g/cm^3$。当温度低于 -13℃，变成密度低的灰锡（$5.77g/cm^3$），该相变发生时伴随体积膨胀，产生很大的内应力，使洁白明亮的金属变成灰色粉末状疏松物质，这种转变称为“锡疫”。历史上有两件和锡疫有关的大事：1812 年，拿破仑率领 60 万大军远征俄国，士兵御寒的大衣纽扣由锡制成，在凛冽的寒风中，锡制纽扣碎裂，士兵受冷挨冻，大大降低了战斗力，最后拿破仑失败退回法国。另一件事发生在 1912 年，当时英国探险家斯克特（R. F. Scott）带领一队人马赴南极探险，他们携带煤油的油桶由焊锡焊制而成。在南极的低温条件下，焊锡发生锡疫而碎裂，桶内煤油漏光。失去了赖以取暖做饭的燃料，他们不幸被冻死在南极。

82号元素 Pb 铅

古代已知元素。拉丁文称铅为“Plumbum”，其符号“Pb”即源于此。矿物有方铅矿（PbS）和白铅矿（$PbCO_3$）等。铅矿中常杂有其他金属元素，如银、锌、铜、铊和铟等。

铅是银白色重金属，质柔软，延性差、展性强，抗张强度小。铅主要用于电缆、蓄电池、硫酸工业、焊锡、弹药、颜料以及防护 X 射线和 γ 射线的屏蔽材料。世界上生产的铅，一半以上用于制造铅蓄电池，由于廉价且性能稳定，铅蓄电池大量用作汽车等的动力驱动装置。

铅及其化合物均有毒。铅是蓄积性毒物，痕量的铅对人就有毒。铅主要损害造血系统、神经系统和肾脏，对心血管系统、生殖功能也有损害，也可能致癌、致畸、致突变。含铅汽油产生的汽车尾气是铅中毒的祸首，现已被禁用。我国王选等发明的激光照排取代了铅字印刷，为防止铅污染做出了重大贡献。

p 区第 15 (5A) 族元素　　氮族元素

N, P, As, Sb, Bi　　**(Nitrogen group elements)**

7 号元素　N 氮

1772 年，卢瑟福（D. Rutherford，英）通过蜡烛在玻璃瓶中燃烧，剩余气体会使老鼠窒息的实验而发现了氮气。1776 年拉瓦锡（A. L. Lavoisier，法）称它为“Azote”，无生命之意。1790 年，沙普塔尔（J. A. Chaptal，法）改称它为“Nitrogen”（英语，硝石的组成者）。我国清末学者徐寿将它译为中文时写成“淡气”，意为冲淡了空气。氮主要以 N_2 形式存在于空气中。

氮气无色、无臭。空气中含氮量达 78%（体积），纯氮气主要来自空气液化。含氮矿物主要有硝酸盐，如 $NaNO_3$ 和 KNO_3。由于氮气的化学惰性，常用作保护气，防止物品被氧化，例如易燃物隔绝空气，灯泡填充，文物保护，食品储藏等等。液氮的沸点为 77.5K，用作冷冻剂保护生物标本和其他物品，工业上提供超导磁铁工作所需的低温环境。NaN_3 受撞击时会迅速分解放出大量氮气（N_2），用在机动车的安全气囊中。

氮是构成动植物体内蛋白质和核酸的主要元素之一，约占人体质量的 3.0%，是生命的基础元素。将空气中的氮气通过物理化学作用和生物作用变为能为人类直接利用的含氮化合物过程，称为固氮。主要固氮法有雷电的高能固氮、豆科植物根瘤菌的生物固氮和合成氨的人工固氮。氮和磷对生命都极为重要，所以它们都是肥料中的主要成分。

合成氨是最重要的化学反应之一，产量大，涉及农业、工业和国防等各个领域。其化学反应式很简单，即 $N_2 + 3H_2 \longrightarrow 2NH_3$，但高效工业化生产却经历了一个世纪，至今仍在研究中。1909 年德国哈伯（F. Haber）在高温高压下用金属锇作催化剂，合成了氨，为此荣获 1918 年诺贝尔化学奖。博施（C. Bosch，德）在哈伯的基础上深入研究，先后用 2500 多种催化剂配方，经过 6500 多次实验，找到质优的铁催化剂，促进了氨的大规模生产，他获得了 1931 年诺贝尔化学奖。埃特尔（G. Ertl，德）对合成氨催化反应过程的表面化学进行了研究，提出合成氨的反应机理，获得了 2007 年诺贝尔化学奖。

15号元素 P 磷

1669年波兰德（H. Brand，德）通过干馏尿液的残渣最先发现了磷并注意到它能发出“冷光”。元素名称源于希腊文“phosphoros”，意为“能发光的”。磷在自然界中的重要矿物是磷灰石。鸟粪、鸡粪、骨头里磷含量高。近年来，在海洋里发现的“磷结核”中，五氧化二磷总储量估计高达3000亿吨。

磷有白磷（又称黄磷）、赤磷和黑磷三种同素异构体。白磷由四面体形的 P_4 分子组成，为蜡状固体，在暗处发磷光，有恶臭，剧毒！白磷对人的致死量为0.15g。在空气中，60℃时可自燃，产生白色烟雾，即 P_4O_{10}。磷须储存在水中。白磷在高压下加热变为略显金属性且能导电的黑磷。黑磷不溶于一般溶剂，是最稳定的磷。赤磷和黑磷都是高聚的固态，蒸气压低，不能自燃。磷化物分解时产生一种叫“联磷”（$H_2P\text{-}PH_2$）的物质，在空气中能自燃，产生坟地里的“鬼火”。磷主要用于肥料，其次是制造磷酸、烟火、火柴、杀虫剂和洗涤剂添加剂（三聚磷酸钠），后者随洗涤剂使用和排放而导致水体富营养化，对生态环境破坏极大，已禁止使用。

磷肥需求量很大，工业生产的磷化合物主要用于化肥和农药。制造磷肥的原料是磷灰石［$Ca_5(PO_4)_3(F,Cl,OH)$］，将其用硫酸处理变成 $Ca(H_2PO_4)_2$ 和 $CaSO_4$ 的混合物以利于植物利用，所得产物又称“过磷酸钙”，意为“处理过的磷酸钙”；也可进一步制成磷酸氢二铵［$(NH_4)_2HPO_4$］使用。

磷是人体的主要元素之一。人体内86%的磷以羟磷灰石存在，是骨骼和牙齿的主要成分。10%的磷与蛋白质、脂肪、碳水化合物及其他有机物结合构成软组织，其余分布在体液中。血磷通常指血浆中的无机磷酸盐，约80%以 HPO_4^{2-} 的形式存在，20%以 $H_2PO_4^-$ 的形式存在。正常成人血磷含量为0.87～1.45mmol/L。磷是体内的“能量仓库”。三磷酸腺苷（ATP）是食物中蕴藏的能量与机体利用的能量之间的联系者，在ATP分子中含有2个高能磷酸键，肌肉运动时，会脱去1个或2个高能磷酸键，释放出能量。

33号元素 As 砷

据葛洪的《抱朴子内篇·仙药》(公元2～3世纪）记载，最先发现元素砷的是中国的炼丹家。1250年马格努斯（A. Magnus）将雄黄与肥皂共煮制得砷。名称源于希腊文“arsenikos”，意为“雄性的”。矿物主要以硫化物形式存在，有雄黄（As_4S_4）、雌黄（As_2S_3）、砷黄铁矿（FeAsS）、砷铜矿（Cu_3As_2）等。

砷俗称砒，有灰、黄、黑三种同素异构体。黄砷由砷蒸气骤冷而得，由 As_4 分子组成，不稳定，受热则变成晶态的灰砷。灰砷是最稳定的砷，具有金属性，但质脆而硬，导电性能差，在200℃下遇氧能发出荧光。黑砷结构类似于黑磷，呈层形。砷能和大多数金属形成化合物或合金。高温下和许多非金属作用，和稀硝酸反应生成 AsO_3^{3-}，和浓硝酸反应生成 AsO_4^{3-}。高纯砷用于制备GaAs半导体材料。

砷为人体非必需但有用的元素。砒霜（As_2O_3）是臭名昭著的毒药，对人的致死量为0.2～0.3g。水中溶解度为2.05g/100g H_2O（25℃）。控制量的砷有药用价值，用于治疗白血病，控制哮喘。砷的有机化合物亦有杀菌、消毒作用。

雄黄（As_4S_4），又称鸡冠石，传说中端午节将此物与酒混合，称雄黄酒，可避邪、杀菌、驱虫；雌黄（As_2S_3）和雄黄混合研成粉，浸泡于水中作为黄色颜料和杀虫剂，涂抹在纸上显示出高贵的黄色并防虫蛀。

砷的有机化合物中，砷原子和碳原子以共价键结合，这种有机砷化合物学名为胂，它处于较稳定状态，毒性相对较小，但要杜绝将胂制剂添加到美容保健品等直接和人的皮肤接触的物品之中。

51号元素 Sb 锑

元素符号源于拉丁文“stibium”。曾被误认为铅或锡。锑可由木炭还原辉锑矿制得。17世纪邵尔德（J. Thölde，德）用铁与辉锑矿共熔制得金属锑，被公认为发现人。名称源于希腊文anti加上monos，意思是一种没有单独被发现的金属。矿物主要以硫化物形式存在，有辉锑矿（Sb_2S_3）、锑硫镍矿（NiSbS）、辉锑铅矿（$Pb_6Sb_{14}S_{27}$）、硫锑铅矿（$Pb_5Sb_4S_{11}$）和车轮矿（$CuPbSbS_3$）等。我国是最大的产锑国，锑主要用于制造合金和药物。

锑是银白色金属，质地坚硬而脆，易碎成粉末，延展性差。化学活性中等，常温下在水和空气中都较稳定，不和非氧化性稀酸作用，和稀硝酸反应生成三价化合物，和浓硝酸反应生成五价化合物。硅中掺锑形成n型半导体，用于半导体工业。锑和铅的合金用于铅酸蓄电池的栅极。没食子酸锑钠可以治疗慢性血吸虫病，葡萄糖酸锑钠可治疗黑热病。锑在痕量水平对人体就有毒，可引起人体组织和功能的损害。

83号元素 Bi 铋

古代已知元素。用木炭还原辉铋矿是古代常用制铋的方法。1753年赭弗理（C. J. Geoffroy，英）确认它是一种新金属，名称源于拉丁文“bismat”，意为“白色物质”。矿物有辉铋矿（Bi_2S_3）和铋华（Bi_2O_3）等。

铋是重金属，单质呈略显淡粉红的白色，质硬而脆，易粉碎，空气中加热燃烧会发出蓝色火焰，并生成黄色云雾状Bi_2O_3。熔融的铋在凝固时体积增大。用于制低熔点合金、铸模件合金、核反应堆冷却剂、铋盐、铋汞齐。化合物用于医药、玻璃和陶瓷工业。

p 区第 16 (6A) 族元素　氧族元素

O, S, Se, Te, Po　(Oxygen group elements)

8 号元素　O 氧

1774 年，普里斯特利（J. Priestley，英国）和舍勒（C. W. Scheele，瑞典）分别将氧化汞加热分解，制得氧气。其名称源于希腊文“Oxys + genes”，意为“组成酸的成分”。按质量计，地壳近一半是氧，成人人体中约 61% 是氧，大气中 1/5 是氧，水中 89% 是氧。地球形成的早期，大气中氧的含量很少。当地球出现植物和微生物，它们利用阳光分解水而产生氧气。植物利用水中的氢和空气中的二氧化碳制造糖，释放的氧气进入大气中。太阳下山进入夜间，植物又吸收氧和体内的糖反应取得能量，但释放的氧气比吸收的氧气多，逐渐累积成现在的状态。

通常单质氧以双原子分子形式存在，是无色无味的气体。氧和大多数其他物质发生化学反应时，氧化态由 0 价变为 -2 价，由于氧是氧化剂，这种反应通称氧化反应。氧和碳、氮有机物以及许多无机物常发生剧烈氧化反应，燃烧并放出热和光。氧气在工业上大量用于熔炼金属。例如，纯氧顶吹炼钢，既能提高炉温，缩短炼钢时间，又能减少成品钢的杂质，提高质量。

臭氧与臭氧层空洞　臭氧（O_3）是氧的同素异构体，由 3 个 O 原子结合成稳定存在的弯曲形的分子，无色但有臭味，故得名。大气中臭氧含量为十万分之一，其中的 91% 存在于距离地面约 15～35km 的高空，形成臭氧层，吸收太阳的短波紫外线，有效地保护了地球上的生物。人类受紫外辐射会降低免疫功能，损害呼吸器官，增加患皮肤癌的危险。臭氧层被誉为“保护人类的生命之伞”。由于氟里昂（商品名，多种氟氯烃的统称）作为制冷剂、溶剂的大量使用，这些物质泄漏后，升入高空进入平流层而导致臭氧层严重破坏，形成“臭氧层空洞”。1985 年，在联合国的推动下，制订了“保护臭氧层维也纳公约”，1987 年，又进一步制订了“关于消耗臭氧层物质的蒙特利尔议定书”，对多种破坏臭氧层的物质提出了削减和停止使用的要求，后又经多次修订和调整，基本上得到全世界的认同。在人类的共同努力之下，2017 年 11 月，美国宇航局（NASA）卫星观测发现，南极的臭氧层空洞缩小到近三十年来面积的新低。

氧是动植物体的主要组成元素之一。人在进行呼吸时，O_2 分子与血液中的血红蛋白的铁原子相结合，从肺部输送到细胞中，参与生命过程，氧化糖类等为生命活动提供能量。人如果断绝空气（或氧气）数分钟，生命便难以维持。

16号元素 S 硫

硫是天然存在、古代已知的元素。名称源于梵文“Sulvere”，意为“火之源泉”。常见的是黄色固体，又称硫黄。矿物有自然硫（沉积于火山和瀑布附近）、黄铁矿、黄铜矿、闪锌矿、方铅矿；另一重要来源是天然气和工业中的硫化氢。硫是同素异构体很多的元素，可以形成多种原子数目不同的分子，如 S_6、S_7、S_8、S_{10}、S_{12}、S_{18}、S_{20} 等以及长链的聚合体 S_x（x 可达 2000）。最常见的是 S_8 分子，可形成不同结构的晶体，主要有正交硫和单斜硫。正交硫又称 α-硫，由皇冠形的环状 S_8 分子结晶而成，在 93℃ 以下稳定。当加热到 93℃ 以上，S_8 分子的堆积发生变化，变为单斜硫，又称 β-硫。当将硫加热到 150℃ 以上，缓慢冷却，得到 γ-硫，它仍然由 S_8 分子形成，但比 α-硫和 β-硫的分子堆积紧密，密度大，易变回 α-硫；若将熔融硫迅速注入冷水中则得无定形的弹性硫。分散在水中的胶体硫也被称为 δ-硫。硫能燃烧，着火点 363℃。硫酸盐矿以石膏和芒硝最丰富。

应用 硫是重要的化工原料。一个国家的人均耗硫量常用于衡量该国工业发展的水平。黑火药的主要成分就是硫黄、硝酸钾和木炭，所谓“一硫二硝三木炭”给出这些成分的大致比例。18 世纪末，制造出有“众酸之母”之称的硫酸。硫也是生产其他化工产品的重要原料。硫是橡胶的重要添加剂，利用硫的桥联作用，可以将线形结构的橡胶分子交联起来，形成高弹性的橡胶制品。

硫是人体常量元素，存在于软组织蛋白质或者体液中。蛋氨酸，胱氨酸，牛磺酸，B 族维生素的生物素和维生素 B_1，胰岛素，肝素及组成毛发、指甲、皮肤的角蛋白中都有硫。作为乙酰辅酶 A 的组分，硫参与体内细胞能量循环过程；胶原蛋白的合成需要含硫氨基酸。人体所需硫从食物蛋白质的氨基酸中获得，元素状态的硫和硫酸盐等无机物中的硫不能被吸收。

34号元素 Se 硒

1818 年贝采里乌斯（J. J. Berzelius，瑞典）在对来自硫酸厂铅室中的红色沉积物进行研究时发现了硒。名称源于希腊文“Selene”，意为“月亮”。在此之前发现的碲（1782 年），其拉丁文“tellus”是“地球”之意。因二者性质相似，故以“月亮”命名新发现的元素硒。在自然界中硒广泛存在于铜、铅、砷等的硫化物矿石中。

单质硒是红色或灰色带金属光泽的准金属，性脆，极毒，与金属能直接化合生产硒化物。硒能导电，且其导电性随光照强度而急剧变化。

典型用途 （1）硒是半导体材料和光敏材料，是打印机、复印机中硒鼓的核心材料；

(2) 玻璃中加入硒，可消除由铁引起的黄色，使玻璃清澈透明；加入量大会显红色；(3) 橡胶中加硒，可提高抗张强度、可塑性和化学稳定性；(4) 钢材中加硒能增加其机械强度。

硒是人体必需微量元素。主要通过胃肠道进入人体，通过与血液蛋白质结合运输到各组织中。硒具有抗氧化等生化功能，是预防和治疗克山病的主要元素。人体内硒过多会产生毒性，表现为头发、指甲和皮肤异常，呼气中有大蒜气味。

52号元素 Te 碲

1782 年缪勒（F. J. Muller，奥地利）在对碲金矿进行分析过程中发现碲。根据缪勒的发现，1797 年克拉普罗特（M. H. Klaproth，德）判定它是一种新元素，命名为“Tellurium”，名称来源于拉丁文“tellus”，乃“地球”之意。碲是稀散元素，分散于金、银、铋、铅、汞的硫化物矿石中。经常作为炼金的副产物出现。

碲是准金属，粉末为浅灰色，晶态呈银白色带金属光泽，性脆，能传热导电。碲是可与金化合的少数元素之一。可用作陶瓷和玻璃的着色剂、橡胶的硫化添加剂、电镀液中的光亮剂、石油裂化的催化剂、合金的添加剂（改善其延性）。碲化镉是良好的半导体材料，用它制作的太阳能电池，有很高的光电转换效率（目前高达 16.5%）。在钢、铜、铅的合金中加少量碲能提高机械加工性能、抗腐蚀性和耐磨性。

84号元素 Po 钋

1898 年居里夫妇（P. Curie 和 M. S. Curie，法）从铀矿中发现的第一个天然放射性元素。居里夫人给它取名“Polonium”，源于拉丁文“Polonia”，意为“波兰”，以纪念她的祖国波兰。钋有 38 种同位素，其质量数在 188～220 之间，全部具有放射性，其中有 7 种为天然放射性同位素。

金属钋呈银白色，易挥发。化学性质与碲和铋相似，放射性比镭约大 5000 倍，可作为 α 射线源。将钋沉淀于铍上，可作中子源。钋的毒性和危险性均极大，毒性比氰化物要高 1000 亿倍。

p区第17（7A）族元素　卤素

F, Cl, Br, I, At　(Halogen elements)

卤素是卤族元素的简称。英文Halogen源于希腊文“hals”，意为“盐”，因为这些元素和金属反应生成类似普通食盐的化合物。

9号元素　F 氟

1886年莫瓦桑（H. Moissan，法）在对氟氢化钾和无水氢氟酸的混合物进行电解时制得单质氟。他为此获得1906年诺贝尔化学奖。元素名称源于拉丁文“fluere”，意为“流动”。常温下，氟是浅黄色有刺激性霉味的气体。氟是电负性最高为3.98，吸引电子能力极强，它是化学性质最活泼的非金属元素，除氦、氖、氩外，能直接与所有的元素化合，在自然界也只能以化合物形式存在。矿石有萤石、冰晶石和氟硫酸钙。萤石有玻璃般的光泽，有淡黄、浅绿、浅蓝、紫、褐、橙红色，可做透镜、装饰品。磷灰石、河水和海水中含氟。许多植物中也含氟，如葱、茶叶和豆类等。

人体含氟0.74～4.76g。体内的氟90%存在于骨骼和牙齿中，10%存在于软组织中；人体所需的氟主要来源于饮用水，其含氟量在0.5～1.0mg/L为宜，小于0.5mg/L时，龋齿发病率高于70%。但氟含量过高将会引起氟中毒：一种是氟骨病，骨骼疼痛，致残性畸形；另一种是氟斑牙，开始牙齿变黄出斑，严重时会导致牙齿掉渣。

有机氟材料具有特别优良的性能。

氟在铀浓缩工艺中的作用　氟只有一种同位素^{19}F，氟可以和铀化合生成稳定的气体分子六氟化铀（UF_6）。铀的天然同位素主要有^{235}U和^{238}U，二者的天然丰度分别为0.72%和99.27%，利用$^{235}UF_6$与$^{238}UF_6$气体分子质量的差别而导致的扩散速率不同，采用扩散装置或者超速离心机将二者分开，得到浓缩的$^{235}UF_6$，进一步处理制得富含^{235}U的金属铀，它是核武器制造和核工业的重要原料。

氟氯烃　商品名氟里昂，是氟氯代甲烷的通称，稳定，无色、无味、无毒，沸点适宜，在室温下压缩可以液化，曾广泛用作制冷剂。但是，这些分子进入大气层上空，在强紫外线作用下会破坏臭氧层而被禁用。

聚四氟乙烯　商品名特氟隆（Teflon），被称作“塑料之王”。它耐酸耐碱、抗各种有机溶剂，具有优良的化学稳定性，是当今世界上耐腐蚀性能最佳材料之一，除熔融碱金属、三氟化氯、五氟化氯和液氟外，能耐其他一切化学药品，在王水中煮沸也不起变化，广泛应用于各种需要抗酸碱和有机溶剂的场合。具有密封性、高润滑不黏性、电绝缘性和良好的抗老化能力和优良的耐温性（能在+250～-180℃的温度下长期工作）。聚四氟乙烯本身对人没有毒性，可用作密封垫圈、润滑作用，亦是炊具的“不粘涂层”和易清洁水管内层的理想涂料。

北京奥运会的主要建筑水立方，穿着一身淡雅又透明的“衣服”，白天可透过阳光，节省能源，夜晚透出馆内灯火，显出美丽景致。这件衣服就是用聚四氟乙烯压制的塑料膜制成的。

17号元素 Cl 氯

1774年舍勒（C. W. Scheele，瑞典）在将软锰矿与浓硫酸一起加热时发现了氯。名称源于希腊文“chloros”，意为黄绿色。常温下，氯为黄绿色气体，有刺激性臭味并有窒息性，冷却至-34℃，变成黄绿色油状液体。1823年法拉第（M. Faraday，英）用冷却压缩的方法第一次制出液态氯。液氯在-101℃凝固成黄色固体。干燥的氯气在低温下相对不甚活泼。自然界氯主要以氯化钠（NaCl）的形式蕴藏在海水里，其次是氯化镁和氯化钾等。

氯气有毒！其化学性质极活泼，尤以湿氯为烈。氯是重要的化工原料，用途极广。电解氯化钠的氯碱工业所生产的氯气，用于生产聚氯乙烯塑料、合成纤维、染料、农药、消毒剂、漂白剂、溶剂等各种含氯产品。氯气和水反应生成次氯酸（HClO），它分解产生初生态氧［O］，是非常活泼的强氧化剂，可作漂白剂和消毒剂。由于氯气使用不方便，常将氯气通入消石灰［$Ca(OH)_2$］，制成漂白粉［有效成分为$Ca(ClO)_2$］使用。

氯是人体常量元素，主要以离子形式（Cl^-）分布在细胞外液，20%存在于有机物中。Cl^-是消化食物的促进剂。人体摄入的Cl^-主要来自食盐。

35号元素 Br 溴

1826年巴拉（A. J. Balard，法国）在用氯气处理盐湖水时，将盐析出后的母液加以处理，经萃取蒸馏，得到了一种红棕色液体，有刺激的臭味，故名“Bromine”。源于希腊文“bromos”，意为“恶臭”。1860年才制得常量纯品，确认为一种元素。溴主要以NaBr和KBr存在于盐矿、海水或盐中。

溴在室温下是暗红色液体，发红棕色烟雾，是唯一在常温下呈液态的非金属元素，在-7.3℃可凝固为有金属光泽的墨色物质。除贵金属外，溴能和所有的金属作用生成溴化物，用于药物、染料、烟熏剂、火焰抑制剂、阻燃剂等方面。溴化银是重要的感光材料，用于胶片和印相纸。

溴蒸气刺激黏膜，引起流泪、咳嗽、头晕、头痛和鼻出血，浓度高还会引起窒息和支气管炎。NaBr、KBr 和 NH_4Br 医疗上用作镇静剂，对人的神经系统有镇静作用。

53号元素 I 碘

1811 年库特瓦（B. Courtois）用浓硫酸处理海藻灰时，看到升起紫色的蒸气而发现碘。名称源于希腊文“iodes”，意为“紫色”。在自然界，碘以离子形式存在于海水中，被海藻类植物吸收富集，地下碱水以及石油产区的矿井水中也常含有碘。矿物有碘钙石［$Ca(IO_3)_2$］。

常温常压下碘为墨紫色晶体，有金属光泽，性脆，易升华，蒸气呈紫色，有毒性和腐蚀性！碘可与除贵金属外所有金属化合生成碘化物。碘用于制药、染料、碘皂、碘酒、试纸等。放射性^{131}I广泛用于医疗检测。

碘酒：含 3%碘和 2.5%碘化钾的乙醇溶液，常用作皮肤的消毒剂。微量的碘与淀粉可形成深蓝色的超分子化合物，淀粉可以作为碘的指示剂。

碘是人体必需的微量元素，集中在甲状腺中，通过形成具有生理活性的甲状腺素及三碘甲腺原氨酸发挥作用。碘缺乏症（IDD）是世界的严重公共卫生问题。每日需要的碘摄入量成人为 100～200μg，妊娠和哺乳妇女应略增加。碘盐是在食盐中加入 1/20000 碘酸钾形成的混合物。

85号元素 At 砹

1940 年柯尔森（D. R. Corson，意大利）等人用 α 粒子轰击铋获得。名称源自希腊文“astatos”，意为不稳定。砹有 36 种同位素，均不稳定，自然界中存在的砹极少，估计整个地壳中的含量少于 30g。砹是高放射性的卤素，化学性质和碘相似。砹可形成互卤化合物 AtI，AtBr 和 AtCl，但尚未得到其双原子分子。

p 区第 18 (8A) 族元素 稀有气体元素

He, Ne, Ar, Kr, Xe, Rn

(Rare gas elements)

稀有气体通性和名称

第 18 族元素（He，Ne，Ar，Kr，Xe，Rn）具有稳定的价电子组态：He 为 $1s^2$，其余的均为 ns^2np^6（$n=2\sim6$）。它们化学性质稳定，一般不和其他元素形成化合物，而以非极性的球形单原子分子气体存在，所以也被称为惰性气体（noble gas）元素，有书中以 Ng 作为这一族元素的记号。由于单质的化合价为 0，在早期周期表中曾被称为 0 族元素。1962 年，制得 Xe 的化合物，此后陆续得到 Ar、Kr 及 Xe 的更多化合物，惰性气体因而被更名为稀有气体，将 0 族改为ⅧA 族、8A 族或 18 族。稀有气体原子间相互作用为范德华力，其熔点、沸点、气化焓等物理性质随周期增加而增大，它们的大小随原子极化率增加和电离能的降低而增大。

稀有气体元素的发现

在科学史上，稀有气体元素的发现是一段佳话，很有教育意义和启发性。

人类最早观察到稀有元素的踪迹是在 1868 年，当时，詹森（P. Janssen，法）和洛克耶（J. N. Lockyer，英）分别在日全食时观察到太阳光谱中的一条黄色谱线，经查对，它不存在于地球上当时已知的元素光谱中，因此，只能属于一种未知的新元素，故被称之为“Helium”，源于希腊文“太阳（helios）”，意为太阳元素。这也是人类第一次测定出远离地球的太阳中包含的化学元素。1895 年莱姆塞（W. Ramsay，英）从沥青铀矿中分离出氦，在地球上找到了这个元素。

1892 年，瑞利（L. Rayleigh，英）发表了他多年来反复精细测定得到的氮气密度的结果。他发现在相同条件下，从空气中除去氧气得到的“氮气”密度为 1.2572g/L，而由氨气氧化分解所得氮气的密度只有 1.2508g/L，两者相差千分之五。他百思不得其解，便征求读者的解释。1894 年，拉姆齐（W. Ramsay，英）和瑞利合作，将密度大的“氮气”通过加热的镁粉，利用镁和氮反应而除去氮，结果仍剩下少量气体，密度更高，拉姆齐通过原子光谱分析，认为它是一种新的元素，取名 Argon，源于希腊文“argos”，意为“懒惰的”或“不活泼的”。1895 年，拉姆齐测得氦和氩的相对原子质量分别为 4.2 或 39.9，前者处于氢和锂之间，后者处于氯和钾之间。拉姆齐预言，应当存在一个以氦为首的惰性气体元素的新家族。

1898 年，拉姆齐和特莱弗斯（M. W. Travers）进行液态空气分馏，先是得到了氖，命名“Neon”，源于希腊文“neos”，意为“新奇”。进而又分离出氪和氙，用分光镜检查其光谱，确认是新的元素。前者因之前已猜想其和氩一样隐藏在空气中，取名“Krypton”，源于希腊文“kryptos”，意为“隐蔽”；后者则按希腊文“xenos”（陌生人），取名“Xenon”。

1904 年，拉姆齐获得诺贝尔化学奖，瑞利获得诺贝尔物理学奖。

在 19 世纪末至 20 世纪初，科学家相继发现镭、钍、锕等放射性元素在衰变过程中产生具有放射性的气体。1900 年道恩（F. E. Dorn，德）将从镭中发射出来的气体称为“镭射气”（radium emanation）。拉姆齐和其合作者对这种气体进行光谱研究发现，这种气体是一种新元素，且含有多种同位素。1904 年他为其取名“Niton”，源自希腊文“nitens”，意为“发光”，因其质量最大的同位素会发光。1923 年，国际化学会根据该元素最稳定的同位素来自镭衰变产生的气体，定名为“Radon”，即元素“氡”。

上述 6 种稀有气体元素的发现过程，对后人有下面的几点启迪：第一，可以通过光谱实验得到数据，进行推理和思考，远距离地测定太阳和星星的化学成分，大大地提高人们对整个宇宙世界的认识；第二，瑞利以认真细微的科学精神踏实地进行研究，确信自己科研所得数据的正确性，不放过两种方法所得结果的微小差异，心态开放听取他人的见解，终于找到身边气体中存在的微量稀有气体元素氩；第三，在一百多个化学元素中，拉姆齐一个人先后就发现了五种，能取得这样丰硕成果是因为他长期坚持不懈地以其所长对稀有气体元素领域进行思考、探索和研究。两位科学家都为世人树立了专心、专注地进行科研的好榜样。

2号元素 He 氦

氦广泛地存在于宇宙之中，在太阳系丰度仅次于氢，占太阳系质量的 11.3%，在地壳表面大气层占 0.000524%（体积分数）。收集富含氦气的天然气矿井上部气体，冷冻液化分离可以得到氦气。

应用广泛 （1）氦为无色、无臭、无味的稀有气体，很难液化，不能燃烧，也不助燃，是除氢之外次轻的气体，可以用以填充飞艇、气球，安全可靠。（2）氦代替氮与氧气组成的“人造空气（79% He，21% O_2）”，供深海潜水员使用。因深海作业时，普通空气中的 N_2 溶入人体血液量增多，上浮出海时，溶入血液的 N_2 气以小气泡形式析出，堵塞毛细管，导致潜水病。而 He 在水中溶解度很小（每升水溶解 0.861cm^3），可避免因压力改变而引起溶解度的剧变。（3）液氦凝固点接近绝对零度，沸点极低（4K），可用作极低温度的工作介质，用于物质的超导电性等研究。

^{3}He 能源 ^{3}He 和^{2}H 发生核聚变反应，释放的能量大，效率高，且几乎没有放射性污染，被认为是“完美能源”。^{3}He 在地球上存量很少，大部分是生产核武器的副产品，目前每吨约达 40 亿美元。月球上蕴藏着大量^{3}He，开发月球上的资源是人类解决能源问题的一种设想。

10 号元素 Ne 氖

氖为无色、无臭、无味气体，可由空气分离得到，尚未发现化合物。不能燃烧，不助燃。氖在电场的激发下能射出橘红色辉光。1910 年，法国化学家克劳德就利用这一性质发明了世界上第一盏霓虹灯，取名“Neon”。氖与少量氢气混合发射出橙红色的光，与少量氙气混合发射黄光（用黄色玻璃管则呈绿光）；与氩混合使用能产生蓝色光。液氖可用作冷冻剂（温度低达 25～40K）。

18 号元素 Ar 氩

氩为无色、无臭、无味气体，不能燃烧，也不助燃。氩在空气中的含量为 0.934%（体积分数，并不稀有!），其中^{40}Ar 占 99.6%。尚未发现氩的化合物，氩只可与水、对苯二酚和苯酚形成弱键包合物。氩是天然放射性同位素^{40}K 的衰变产物，测定岩石中的氩含量可确定岩石固化的年代（称钾氩测定）。纯氩可从空气中获得。氩常用作焊接或切割金属保护气体。放电时，氩能产生浅的蓝紫色辉光，用于照明技术中的填充气体，另外，由于氩分子运动速度低，导热性差，用其填充的灯管使用寿命较一般灯管要长。

36 号元素 Kr 氪

氪不能燃烧，也不助燃，可从空气中分离得到。氪可用于 X 射线工作中的遮光材料，高效灯泡中用作惰性气体以及填充电离室以测定宇宙辐射。常温下尚未得到氪的化合物，在 −80℃ 以下制得 KrF_4。Kr 发射光谱中橘红色谱线的 1650763.73 个波长曾被用作米的精确定义。

54 号元素 Xe 氙

氙是无色、无臭的气体，不燃烧，也不助燃。氙能和其他元素通过 Xe—F，Xe—O，Xe—N，Xe—H，Xe—C，Xe—M（M＝金属元素）等化学键形成多种化合物，其中，Xe

的常见氧化态是+2，+4和+6，也出现+8价，氙是能形成氧化态最高的主族元素。例如XeF_4，XeF_6，XeO_4，XeO_6^{4-}，$C_6F_5Xe^+$，$FXeN(SO_2F)_2$，HXeCCH，$AuXe_4^{2+}$，等等。由此看来，惰性气体并不“惰”。氙能吸收X射线，充入氙的灯具有极高的发光强度，有“人造小太阳”的美称，故用于光电管和闪光灯中。氙氧混合气用作深度麻醉剂而无副作用。氙气高压灯发射出高强度的紫外辐射，用作光源并用于医疗方面。

86号元素 Rn 氡

氡已知的同位素有37种。天然同位素有三种，^{222}Rn来自铀系衰变（起始放射性同位素是^{238}U），^{220}Rn来自钍系衰变（起始物种是^{232}Th），^{219}Rn来自锕系衰变（起始物种是^{235}U）。氡在大气中的含量仅约为10^{-16}。氡是一种无色气体，但在暗处闪闪发磷光，磷光的颜色因容器的玻璃管材料不同而异，可能呈绿色，也可能呈紫色。固态氡发出的磷光更加鲜艳，可生成显光辉、不透明的钢蓝色固态，也可呈现黄色或橙红色。氡已用于治疗癌症。作为地壳中镭、钍等放射性元素的蜕变产物，地下水中氡含量的变化是一种重要的地震前兆，强烈地震前，地下水运动加速增强了氡气的扩散作用，影响了氡气在地下水的含量。氡是铂矿开采中矿工肺癌的元凶之一，也是室内引起居民肺癌的主要物质，是已公布的19种致癌物之一。

d 区第 3 (3B) 族元素　稀土元素

Sc, Y, Ln　(Rare earth elements)

稀土元素是元素周期表中钪、钇和镧系（57～71 号）元素的总称。常用符号 RE 表示。它们的绝对丰度并不低，但在地壳中分布较稀散，不易分离提纯，早期仅制得其混合氧化物，氧化物为碱性，加之其难溶于水，难熔化（俗称土性），故得名稀土。本族元素中的镧系元素将在 f 区元素中详细讨论。

21号元素 Sc 钪

1879 年，尼尔森（L. F. Nilsom，瑞典）从不纯的氧化钇中分离出氧化钪，随后，克利夫（P. T. Cleve，瑞典）发现它就是门捷列夫预言过的“类硼”元素。元素名称源于拉丁文“Scandia”（为 Scandinavia 的古名），以纪念尼尔森的祖国所在地斯堪的纳维亚半岛。天然矿物有钪钇石［$(Sc,Y)_2Si_2O_7$］，黑钨矿和锡石中也含微量的钪。

钪为银白色金属，质较软，密度小，熔点高，在空气中易变暗，能与热水作用。钪是镁铝合金有效的改进剂，加入千分之几的钪，合金的强度、韧性、耐腐蚀性可显著提高，由于难熔、耐腐蚀、质轻，可用作航空材料。

39号元素 Y 钇

1794 年加多林（J. Gadolin，芬兰）从硅铍钇矿石中发现了钇。元素名称源于瑞典小镇“Ytterby”，黑色矿石即产生于该镇附近。主要矿物有硅铍钇矿［$FeY_2(BeSi_2O_{10})$］、黑稀金矿［$Y(Nb,Ti)_2O_6$］、磷钇矿［YPO_4］和褐钇铌矿［$YNbO_4$］。从月球表面带回的石头中含钇丰富。

钇是深灰色金属，有延展性。切成碎片的钇在空气中能自燃。氧化钇是制造红色荧光粉的重要基质材料，将其添加在不锈钢合金中，可增强不锈钢的抗氧化性和延展性。氧化钇也用于制作高温超导材料（如 $Ba_2YCu_3O_7$）和钇铝石榴石（$Y_3Al_5O_{12}$，缩写为 YAG）激光器。

57～71号元素 Ln 镧系元素

镧系元素（Lanthanoid)是元素周期表中57～71号元素，即镧、铈、镨、钕、钷、钐、铕、钆、铽、镝、钬、铒、铥、镱、镥15个元素的总称。常用符号Ln表示。属内过渡元素，基态价层电子组态为$4f^{0\sim14}5d^{0\sim1}6s^2$，$6s^2$不变，La、Ce、Gd、Lu四个元素有1个5d电子，其余元素皆为$5d^0$，据此推出随着原子序数的增加，4f轨道的电子数由0变到14的组态。由于最外两层电子组态的相似性，它们的化学性质非常相近，在自然界常常共生在一起。这些元素的分离、发现经历了150多年。分离提取方法分为化学法（分级结晶、分级沉淀及氧化还原）、离子交换法和萃取法。按它们的密度、自然界存在形式和分离方法，又分成轻、重稀土，轻稀土为镧～铕（铈组），重稀土为钇和钆～镥（钇组）。在发光材料、永磁材料、储氢材料、超导材料以及光导纤维等新兴材料领域占有重要地位，详见50～51页。

d 区第 4 (4B) 族元素　　钛族元素

Ti, Zr, Hf　　**(Titanium group elements)**

22 号元素 Ti 钛

1791 年格列高尔（W. Gregor，英）在分析钛铁矿和金红石时发现了钛。1795 年克拉普罗特（M. H. Klaproth，德）在分析金红石时也发现了这种元素，并引用希腊传说中一族神“Titans”的姓氏为此新元素取名。主要矿物有钛铁矿（$FeTiO_3$）、金红石（TiO_2）、钙钛矿（$CaTiO_3$）、榍石［$CaTiO(SiO_4)$］等。

钛是银白色金属，富延展性，能拉丝抽线。密度 4.51g/cm^3，约为钢的一半，但强度和耐腐蚀性均极高，且几乎没有金属疲劳现象。钛不受大气和海水的浸蚀，机械强度比铁大 1 倍，而比铝近乎大 5 倍。它的应用十分广泛：

(1) 钛与人体组织有良好的亲和性，在骨骼损坏的地方，用钛片和钛螺丝钉钉好，过几个月骨头就会重新长在钛片的小孔和钛螺丝钉的螺纹里，新的肌肉纤维便包在钛的薄片上，这种钛“骨头”犹如真的骨头一样。因此，钛被称为“亲生物金属”。

(2) 钛合金质轻强度大，广泛应用于航空航天领域，有“空间金属”之称。因钛不是铁磁体，用于制造舰艇，可避免水雷袭击，船体在水中也不会生锈。

(3) 钛镍合金成型后若受外力变形，加热又可恢复原形，是优良的“形状记忆合金”。

(4) 钛铁合金具有储氢功能，是很有潜力的“储氢材料”。

(5) 将氮化钛镀在工艺品或日用品表面，色泽像黄金，比黄金更耐磨损。

(6) 二氧化钛是优质的白色颜料，俗称“钛白”。

40 号元素 Zr 锆

1789 年克拉普罗特（M. H. Klaproth，德）在分析锆英石时发现了锆。元素名称源于阿拉伯文“zargun”，意为“金黄色”。自然界锆的存在较分散，主要矿物为二氧化锆和锆英石（$ZrSiO_4$）。

锆是浅灰色金属，有金属光泽，外观似钢，有 α-锆和 β-锆两种同素异构体。锆比钛软，但抗腐蚀性却优于钛而接近钽和铌，可制造防弹合金钢，掺入铝中能增强耐腐蚀性。锆不易吸收中子，可用于核反应堆中作铀燃料棒外套，还用作真空除氧剂等。

72号元素 Hf 铪

1923 年海维塞（G. von Hevesey，匈牙利）和科斯特（D. Coster，荷兰）在哥本哈根的实验室中研究锆矿石时，获得铪元素的特征 X 射线。英文名称“Hafnium”源于“哥本哈根”，在丹麦语中，称“哥本哈根”为 Kbenhaven（“贸易港”），为简便，只取该词之后部分——haven（“港口”），并简称该城为 Hafnia。自然界中铪和锆共生，没有单独矿物。

铪是明亮的银白色金属，化学性质与锆几乎相同，抗腐蚀性极强，用于制造 X 射线管的阴极材料、难熔合金（铪钽合金 Ta_4HfC_5 的熔点达 4215℃）和灯丝。铪是热中子最佳吸收剂（此点与锆不同），加之其强度和耐腐蚀性均高，常用铪合金制喷气飞机发动机的涡轮叶片，核反应堆的控制棒，核动力设备的结构材料。

d 区第 5 (5B) 族元素　　钒族元素

V, Nb, Ta　　**(Vanadium group elements)**

23号元素　V 钒

1830 年塞夫斯特伦（N. G. Sefstrom，瑞典）在分析由钒铁矿炼制出的生铁时发现了钒（实为氧化钒）。1869 年罗斯科（H. E. Roscoe，英）用氢气还原制出单质钒。名称源于古代斯堪的纳维亚神话中一位女神的名字“Vanadis”，意为“聪明的女子”。矿物有绿硫钒矿 $[V(S_2)_2]$、钒磁铁矿（FeV_2O_4）、钒钾铀矿 $[K_2(UO_2)_2(V_2O_8)\cdot 3H_2O]$ 等。秘鲁的钒矿最丰富。

钒是浅灰色金属，有明亮光泽，不易变暗，有韧性，耐蚀性极强，无磁性，常温下不被空气氧化。

主要用途　(1) 和其他元素如铁、锰等金属制成合金，碳素钢中加入约 1%的钒，可大大增加强度、韧性、硬度和弹性，适用于制造船舶、飞机和钢轨；钒-铝-钛合金用于涡轮喷气发动机；钒镓合金用于制作超导磁体。(2) 钒化合物广泛用作催化剂，如 V_2O_5 用于接触法催化制硫酸。(3) 钒对中子的透过性好，钒钢用于制核燃料反应棒包壳，钒金属用于制作中子实验放置样品的容器。

钒是人体必需的微量元素，以 VO_3^- 形式存在，在细胞内遇谷胱甘肽形成 VO_2^+，发挥胰岛素样作用。钒能促进造血功能和脂质代谢，对心血管功能有益。

41号元素　Nb 铌

1801 年哈契特（C. Hatchett，英）在分析铌铁矿时发现铌。鉴于矿石产自美洲，当时便以美洲发现人哥伦布的名字，将该元素定名为钶 Cb（铌的旧称），英文“Columbium”。1844 年罗斯（H. Rose，德）在分析钶矿石和钽矿石后，宣称分离出两个相似的新元素，其一为钽，另一个他命名为“Niobium”（铌），后者其实就是钶，两个名字并用一百多年，直到 1949 年 IUPAC 决定采用 Nb，源于拉丁文“Niobe”，乃希腊神话中坦塔罗斯王后之女，死后化为石头。常与钽共存于铌钽铁矿［$(Fe,Mn)(Ta,Nb)_2O_6$］中。

铌是钢灰色金属，质硬而有延展性，200℃时开始氧化，生成致密的氧化物薄膜，但耐腐蚀性略逊于钽。铌能显著提高材料力学性能和耐腐蚀性能；改变钢的焊接性能，提高其抗蠕变能力。铌钢具耐高温持久性，用于制造飞机和特殊切割工具。铌超导合金（$NbSn_3$ 及 $NbGe_3$ 合金）的耐大电流能力使其适于制造核磁共振仪中的超导磁铁，还用于电子管和核反应堆中。

73号元素 Ta 钽

1802年爱克柏格（A. G. Ekeberg，瑞典）在分析钽铁矿和钇钽矿的过程中分离出一种前所未知的金属氧化物，并将其中的新金属定名为“Tantalum”。名称源于希腊神话中的人物“Tantalos”（坦塔罗斯）——他一生历经磨难，寓意钽是一个历尽折磨的金属。钽与铌共存于铌钽铁矿［$(Fe,Mn)(Ta,Nb)_2O_6$］中，也存在于钨矿和某些稀土矿中。

钽是灰黑色金属，极硬、难熔、密度大，化学性质特别稳定，耐蚀、耐酸性腐蚀能力极强。钽的耐腐性源于表面形成一层很薄致密的五氧化二钽（Ta_2O_5）。用于制造化学器皿、化工设备中的部件，还用于飞机制造、核反应堆、导弹零部件。由钽制作的电解电容器，因其体积小，容量大而用于移动电话和计算机中。放射性^{182}Ta是实验室中的γ射线源。

钽是“亲生物”材料，用钽条代替折断的骨头，肌肉会在钽条上生长。钽丝用来缝合肌腱和神经，钽网用于腹腔，加强腹壁的承受力等外科手术中。

d 区第 6 (6B) 族元素　铬族元素

Cr, Mo, W　(Chromium group elements)

24 号元素 Cr 铬

1798 年沃克兰（L. N. Vauquelin，法）在分析红铅矿时发现了铬。傅克劳（A. F. de Fourcroy，法）将发现的元素命名为“Chromium”，因其化合物五颜六色，而希腊文“chroma”是“美丽色彩”之意。主要矿物有铬铁矿［(Mg，Fe) Cr_2O_4］，铬铅矿（$PbCrO_4$）等。

金属铬呈钢灰色光泽，有延展性，耐腐蚀性强，在金属单质中硬度最高。

主要用途　(1) 金属表面镀铬，耐腐蚀，外观光亮；(2) 制不锈钢合金，钢铁中加入铬和镍形成的合金，强度高、抗高温、耐酸碱腐蚀，是制造日用品和机械制品的重要材料；(3) 化合物中铬主要以 +3 价和 +6 价存在。三价铬的化合物有铬盐（如 $CrCl_3 \cdot 6H_2O$），铬钒［如 $KCr(SO_4)_2 \cdot 12H_2O$］和氧化铬（Cr_2O_3）等，氧化铬在高温下很稳定，可掺在油漆中做绿色颜料；六价铬的化合物有铬酸盐（如 $BaCrO_4$）和重铬酸盐（如 $K_2Cr_2O_7$），常用作氧化剂，是鞣制皮革的重要原料。

生物学作用　铬是人体必需的微量元素。铬可增强胰岛素的功能，减少血红素与糖结合，降低血糖浓度；铬是核酸（主要是 RNA）的稳定剂，可以防止某些基因的突变。

毒性　金属铬的毒性较小，但铬盐均有毒。铬盐是镀铬和鞣革的重要原料。镀铬厂、鞣革厂等排放的废水都会严重污染环境。铬粉末为致癌物。水溶性的六价铬对人体组织有强烈的刺激性、腐蚀性和毒性。不溶解的铬化物可长期存留肺内并可引起肺癌。

42 号元素 Mo 钼

1782 年埃尔姆（P. J. Hjelm，瑞典）用硝酸分解辉钼矿，再用炭还原钼酸，制得钼。舍勒（C. W. Scheele，瑞典）将其命名为“Molybdenum”，源自拉丁文“molybdaena”（“铅矿”），舍勒取其“似铅”之意。主要矿物有辉钼矿（MoS_2）、钼钙矿（$CaMoO_4$）。

钼是银白色金属或黑色粉末，质地硬而坚韧，抗腐蚀性能极强，易受熔融的过氧化钠、硝酸钾、氯酸钾的浸蚀。

主要用途 (1) 制造含钼的合金钢，钼钢具有强度高、韧性大、耐高温、耐腐蚀、耐磨等特性，用于制造高速切削工具、枪管、炮筒、装甲车、军舰等。(2) 二硫化钼（MoS_2）具有层状结构，作为固体润滑剂，特别适合于高真空运行的航天机械；作为二维材料，层状二硫化物目前受关注的程度堪比石墨烯。以 MoS_2 为代表，其在催化、光催化、电子等方面均有关注。(3) 钼在化合物中可以存在多种价态，适合做催化剂，用于化工过程，例如炼油的加氢脱硫反应。(4) 以 Mo、W 为代表多聚金属氧酸及其酸根（二者均简称多酸）是无机化学的一个重要领域。多酸指多个含氧酸分子或者含氧酸根脱水缩合而形成的团簇状物种。同种元素含氧酸缩合形成的多酸称为同多酸，不同元素含氧酸缩合而成的称为杂多酸。第一个多酸是贝采利乌斯（Berzerius）1826 年得到的具有 Keggin 结构的十二钼磷酸铵（$(NH_4)_3[PMo_{12}O_{40}] \cdot 6H_2O$）。目前已知的多酸结构类型丰富多样，除通式为 $[XM_{12}O_{40}]^{n-}$ 的 Keggin 结构（X = P，Si，Al 等，位于结构中心，采取四面体配位，M = Mo，W 等）外，还有 Dawson 结构（$[X_2M_{18}O_{62}]^{n-}$）、Anderson 结构（$[XM_6O_{24}]^{n-}$）和 Lindqvist 结构（$[M_6O_{19}]^{n-}$），等等。20 世纪 90 年代以来，随着多酸在超分子化学、催化化学等领域的广泛应用，在分子层面上进行多酸的合成调控、裁剪和组装，已成为多酸化学研究的重要课题。

生物学作用：钼是人体和植物生长必需的微量元素。多种控制人体新陈代谢的酶都含有钼原子；在植物中参与氮代谢的固氮酶的核心就是含钼的原子簇。

74号元素 W 钨

1783 年西班牙德鲁雅尔（de Elhuyar）兄弟朱安·荷塞（Don Juan Jose）和浮斯图（Don Fausto）二人从黑钨矿制得金属钨，名称源于瑞典语“tung + sten”，意为“沉重的石头”或“重石”。因来自黑钨矿（wolframite）而曾经得名 Wolfram，其元素符号 W 即源于此名。主要矿物有白钨矿（$CaWO_4$）和黑钨矿 [$(Mn,Fe)WO_4$]。

钨是钢灰色金属，质地较脆，难于加工，但纯品的延性和锻性均佳。钨在金属单质中熔点最高（3695K）、硬度大，化学稳定性好。主要用于制钨丝和高速切削钢、特种钢，还用于制造耐热的电器元件、火箭发动机的喷油嘴。碳化钨（WC 或 W_2C）的硬度接近金刚石，熔点约 2900℃，是重要的工业材料。钨的含氧酸可形成丰富的杂多酸和同多酸等化合物，用作催化剂。

d 区第 7 (7B) 族元素 锰族元素

Mn, Tc, Re (Manganese group elements)

25 号元素 Mn 锰

1774 年甘恩（J. G. Gahn，瑞典）将软锰矿与油脂、炭粉一起焙烧制得锰。Mn 的名字（Manganese）起源比较复杂，它和镁（Magnesium）均与古希腊名为 Magnesia 的地域有关。出自该地的两种黑色矿石当时都被叫做 magnes，但以“性别”区分：雄性 magnes 吸引铁器，其实该矿石就是磁铁矿（magnetite）；雌性 magnes 不吸引铁器，可用于玻璃脱色，被称为 magnesia（现在的意思是氧化镁），其实该矿物为二氧化锰。16 世纪的时候，为了区分来自该地区的黑白两种不同的矿石：黑色的矿石（magnesia negra）叫做 manganesa，从其中分离出来的金属被称为 manganese；白色的矿石（magnesia alba）叫做 manganesum，从中分离出来的金属镁就被称为 magnesium。主要矿物有软锰矿（MnO_2）、方锰矿（MnO）和黑锰矿（Mn_3O_4）等。海底的锰结核中含有大量锰及其他金属元素如铁、铜、钴、镍。

锰为灰白色金属，坚硬且脆，化学性质活泼，在潮湿空气中易生锈，纯金属锰用途不多。锰是氧化态最多的元素，从 −3 价［如 $Mn(NO)_3(CO)$］到 +7 价（如 $KMnO_4$）都可存在。

主要用途 （1）用于钢铁工业中，用量占锰产量的 90% 以上。含锰 2.5%～3.5% 的低锰钢像玻璃，性脆易碎；加锰可以除去硫和氧，含 13%～15% 的高锰钢，坚硬、强韧、耐磨损、抗冲击，用于制造钢轨、轴承、推土机和挖土机的铲斗等。（2）制造化学试剂。如 MnO_2 是干电池的正极材料，玻璃制造中添加适量 MnO_2 可消除绿色，使玻璃无色透明；高锰酸钾用作氧化剂、消毒剂、分析化学中的试剂等。

生物学作用 锰是人体中含量较少的、必需的微量元素，它主要存在于骨骼和肌肉中，亦含于肝、肾、胰、脑中。锰作为辅因子参与多个酶系统功能，参与蛋白质和能量代谢、黏多糖合成等生化过程，与骨骼正常生长、中枢神经系统发育有关。在骨髓造血中，锰与铁具有协同作用。

锰污染主要来自钢铁工业，锰合金及金属生产厂和干电池等生产及废弃物的排放。锰尘进入大气可催化 SO_2 氧化为 SO_3，加重酸雨污染。环境中的锰也可通过生物蓄积的方式进入体内。

43号元素 Tc 锝

1936年底由赛格瑞（B. Segre，意大利）和佩里厄（C. Perrier，意大利）在意大利巴勒莫（Palermo）大学发现。锝是第一个人造元素，元素名称源于希腊文“technikos”，意为“人工的”。锝的发现也是一段曲折有趣的故事。早在门捷列夫给出元素周期表时，就为当时尚未发现的43号元素预留了位置。因此，在自然界寻找此元素受到科学家的青睐，但此过程中多有误判，例如铱、铼以及铌钼合金等都曾被误认为锝。1936年，赛格瑞前往美国访问，在参观劳伦斯伯克利国家实验室的时候，他说服回旋加速器的发明者劳伦斯（E. Lawrence）送给他一些加速器的放射性废物。劳伦斯如约给他寄了一块源自挡板的金属钼片，该钼片受到中子轰击，有放射性。赛格瑞邀请同事佩里厄一起分析，通过化学性质的比较，确认钼片的活性来源于另一种元素，即43号元素。他们继续研究，于1937年分离出锝-99m（锝-99m是锝-99的激发态）和锝-97，证实了这种元素的存在。1956年，鲍埃德（G. E. Goyd，美）从辉钼矿和沥青铀矿中找到锝。

锝外观呈银灰色，化学性质与铼颇相似。锝已发现的同位素有19种，均有放射性，其中^{99m}Tc具有较理想的核性质，其单能γ射线很适合于器官显像，并有治疗价值。迄今以^{99}Tc标记的放射性药物几乎占临床所用放射性药物总量的80%以上。

^{99m}Tc的产生：由中子轰击^{98}Mo，获得^{99}Mo，^{99}Mo随即发生β衰变，生成^{99m}Tc。^{99m}Tc辐射γ射线而回到基态，半衰期为6h。

75号元素 Re 铼

1925年诺达克（W. Noddack，德）和塔科（I. Tacke，德）女士从铌铁矿及铂矿中分出Re_2O_7，经X射线光谱检测到新谱线。同年，多位欧洲的化学家也从锰矿的分析中查到75号元素的X射线特征谱线。名称源于拉丁文“Rhenus”（德文Rhein），意为莱茵河。铼是一种稀散元素，主要存在于辉钼矿中，一般由冶炼钼矿时的烟道尘中提取。

铼为银白色金属或灰到黑色粉末，化学活泼性与其聚集态有关，粉末态较活泼。铼有多种价态，可从+2价到+7价。金属铼质坚，质密，难熔，耐腐蚀，电阻高且机械性能好。铼用途广泛，用于制耐磨耐高温合金、高温热电偶（铼铂合金）、高真空设备、医疗器械、化工设备中的耐腐蚀部件。含铼化合物作为催化剂，用于炼油工业，能提高油品的辛烷值。

d区第4周期第8~10(8B)族元素　铁系元素

Fe, Co, Ni　(Iron series elements)

铁系元素是第4周期的第8B族（即第8、9、10三族）的铁、钴、镍三个元素的总称。将它们作为同一系列元素放在一起讨论，是由于按主族和副族元素的分族法所规定，而不是它们具有相同的价电子组态，所以要特别注意它们的不同之处。

26号元素 Fe 铁

公元前2500年人类已发现和使用铁。约公元前2000年发明了用铁矿石冶炼铁的方法。我国在公元前6～7世纪的春秋时代发明了生铁冶炼技术，公元4～5世纪出现了炼钢技术。铁的拉丁文名称为Ferrum，英文名称为iron。其主要矿物有赤铁矿（Fe_2O_3）、磁铁矿（Fe_3O_4）、黄铁矿（FeS_2）和菱铁矿（$FeCO_3$）等。

铁是银灰色金属，质地坚韧、延展性好，纯铁磁化和去磁均很快。在潮湿空气中，含杂质的铁容易生锈，在有酸气或卤素蒸气的湿空气中锈蚀加速。铁锈（$Fe_2O_3 \cdot xH_2O$）松脆多孔，无法阻挡氧气向里层的铁侵蚀。铁有α-Fe、γ-Fe、δ-Fe三种同素异构体，其中，α铁在912℃以下稳定，有铁磁性；在912～1400℃之间则γ铁是稳定的，没有铁磁性；在1400℃以上只有δ铁是稳定的，无铁磁性。

钢铁　钢铁是以铁为主体，与碳和其他元素形成合金的总称。按含碳量的不同，将铁划分为生铁（含碳4.5%～1.7%）和熟铁（即锻铁，含碳0.02%以下）。含碳量在1.7%～0.02%的称为钢。生铁除去一部分碳可变成钢，熟铁加进一些碳也成钢。

钢铁材料　钢铁是当今社会最重要的材料之一。铁在地表蕴藏丰富，生产成本低，可以形成各种各样的合金，其性能如硬度、抗张强度、可塑性、韧性、磁性、抗腐蚀性能等，都可以通过调整合金成分以及焊接、铸造、锻造、冷加工、回火、淬火、退火、拉制等工艺处理和调节，从而实现不同的形状和性能。铁是迄今工业中产量最高的金属元素。将铁炼成钢主要是降低C含量并除去对钢性能有害的S,P等杂质，加入可提高钢性能的成分。例如，用作桥梁、铁轨、建筑的结构钢需要加入Mn，Si等；用作刀斧的工具钢，需要加入Mo,W等；用作电力变压器和发电机的硅钢，需要加入Si；而制作不锈钢时，需要加入Cr,Ni等。钢的品种有上千种。

生物学作用 人和动植物都需要铁。70kg 人体内含铁量约 4.2～6.1g。铁大部分存在于血红蛋白（约占人体含铁量的 57%）和肌红蛋白（约占 9%）中，参与氧和二氧化碳的运输；铁还是各种细胞色素、过氧化酶的必要成分。世界卫生组织把缺铁性贫血列为全球四大营养问题（热能营养不良、维生素 A 缺乏、碘缺乏和缺铁性贫血）之一。

27 号元素 Co 钴

1735 年布朗特（G. Brandt，瑞典）在用木炭还原辉钴矿（CoAsS）时制得了金属钴。名称源于德文“Kobold”，意为“妖怪”——古代曾用辉钴矿把玻璃或宝石染成鲜艳的蓝色，因为钴矿貌似银矿却炼不出银，而且所含砷毒害工人，故得此名。钴的主要矿物有砷钴矿（$CoAs_2$）、辉钴矿（CoAsS）和硫钴矿（Co_3S_4）等。

钴是银灰色金属，坚硬而富延展性，铁磁性却逊于铁。金属钴主要用于制超硬耐热合金（如高速钻头）和强磁性合金（“铝镍钴”合金，即“alnico”）、钴化物、催化剂、电灯丝和瓷器釉料。^{60}Co 能放射高能射线，用于癌症治疗以及工业探伤（裂缝检测）。

生物学作用 钴是人体必需微量元素。维生素 B_{12} 中钴被卟啉环平面所围绕，故又称为钴胺素。维生素 B_{12} 通常以辅酶形式存在。人每日需要钴至少 0.043μg。钴只有以维生素 B_{12} 的形式摄入才有意义。含维生素 B_{12} 的食物主要有肉类、鱼类、禽蛋等。

28 号元素 Ni 镍

1751 年克隆斯塔特（A. F. Cronstadt，瑞典）用木炭还原红镍矿制得了镍。名称源于德文“Kupfer-nickel”，意为“铜精灵”，即“假铜”。因红镍矿表面常带绿色斑点，被误认为含铜，其实不然。矿物有红砷镍矿（NiAs）、硅镁镍矿［$(Ni,Mg)_6Si_4O_{10}(OH)_8$］和针镍矿（NiS）等。镍还存在于地核及陨石中。

镍是银白色金属，质硬而坚韧，富延展性，能被磁铁吸引，耐腐蚀性极强，耐强碱。镍和其他金属可制作合金：含 Ni 18%～20%、Cu 82%～80%的镍铜合金称为白铜，色白呈银色，耐磨耐腐蚀；殷钢（含 Ni 36%）热膨胀系数小，称“不胀钢”；蒙乃尔（Monel）合金含 Ni 68%、Cu 32%，耐腐蚀强；含 Ni 80%、Cu 20%的合金，可耐高温达 1200℃，用作电炉丝；$LaNi_5$ 系列合金，可吸氢储氢，作为电极材料；镍钛合金具有形状记忆功能。

生物学作用 镍是人体有用的微量元素。广泛分布于骨骼、肺、肾、皮肤等器官和组织中，其中以骨骼中的浓度较高。镍的吸收部位在小肠，吸收率极低。人体内镍与铁吸收相互作用，促进红细胞再生，并可能参与膜结构。摄入过多的镍会导致癌症。

d 区第 5、6 周期第 8~10(8B)族元素 铂系元素

Ru，Rh，Pd，Os，Ir，Pt

(Platinum series elements)

铂系元素是第 8B 族第 5 周期的 Ru、Rh、Pd 和第 6 周期的 Os、Ir、Pt 共 6 个元素的总称。它们具有相似的性质：熔点高，不活泼，化学惰性，但催化活性高，可吸收氢气等。因 Ru，Rh，Pd 的密度约为 $12g/cm^3$，相对较小，称为轻铂系元素；Os、Ir、Pt 的密度约为 $22g/cm^3$，称为重铂系元素。铂系元素常和银金等货币金属形成合金或混合物，可按下述流程进行分离。

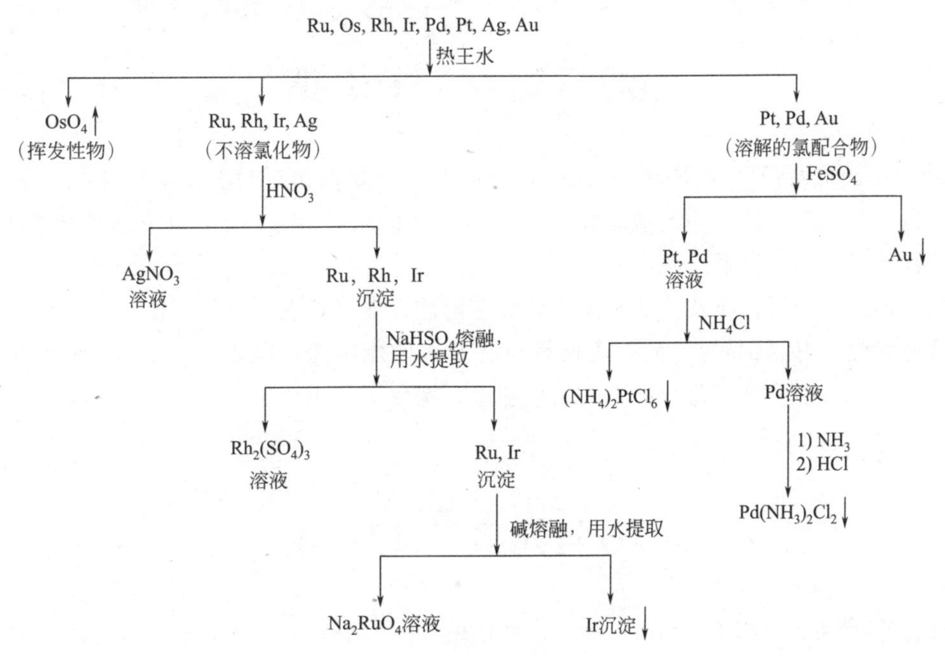

44 号元素 Ru 钌

1844 年克劳斯（K. K. Klaus，俄）从亮锇铱矿石中制 RuO_2，从而发现元素钌。名称源于拉丁文“Ruthenia”，意为“俄罗斯”，以纪念他和前辈奥桑（T. B. Osann，俄）的祖国

俄罗斯。钌是稀有元素，在自然界主要以单质状态存在，和铂系其他元素共生。

钌是银灰色金属，质硬而脆，化学性质与锇相似，与熔融的碱起作用。钌常用于制耐磨硬质合金，耐腐蚀合金和特殊电接触合金，金属钌及其配位化合物是氢化、异构化、氧化和重整等反应的催化剂。经太阳光辐射的钌的配合物处于高能状态，能分解水而放出氢。

45号元素 Rh 铑

1803年沃拉斯顿（W. H. Wollaston，英）从粗铂中分离出铑酸钠，从而发现了铑。鉴于新元素的盐均呈玫瑰色，故取名“Rhodium”，名称源于希腊文“rhodios”，意为“玫瑰红色”。铑是稀有元素，和钌相似，在自然界主要以单质状态存在，和铂系其他元素共生。

铑是银白色金属，质极硬，耐磨，但延展性远不如铂或钯。化学性质极不活泼。铑用于制造热电偶、铂铑合金以及镀在探照灯、车前灯和反射镜上。铑是有机合成中良好的催化剂，还用于机动车尾气的催化转化。

46号元素 Pd 钯

1803年沃拉斯顿（W. H. Wollaston，英）在分析粗制铂锭时沉淀出氰化钯，从而发现了钯。为纪念同年发现的小行星Pallas而得名。“Pallas”系希腊神话中掌管智慧的女神。钯是稀有元素，常和铂系元素共生。

钯是银白色金属，质软，延展性和可塑性均佳，能吸附氢、氧等气体。钯主要用作催化剂（钍钯石棉、海绵钯等），低电流接触点材料，印刷电路，电阻线，钟表和医疗用合金，天文反光镜等。钯的某些化合物用于治疗肿瘤，副作用较小。

76号元素 Os 锇

1804年台耐特（S. Tennant，英）将粗铂用王水溶解后，从残渣中分离出锇。元素名称源于希腊文“osme”，意为“气味”，因其黄色氧化物挥发出难闻的臭味。锇是稀有元素，常和铂系元素共生。

锇是浅蓝色金属，质硬而脆，无可塑性，不易加工，能吸附氢，密度仅次于铱（$22.61g/cm^3$）。锇化学性质稳定，加热时生成有刺激性臭味的毒烟（四氧化锇）。锇用于制造耐磨和耐腐蚀的硬质合金及合成氨和加氢反应的催化剂。铱锇合金用于制作笔尖、钟表和精密仪器中的轴承。极稀的OsO_4溶液在显微镜检查中用作组织的染色剂。

77号元素 Ir 铱

1804年台耐特（S. Tennant，英）将粗铂用王水溶解后，从残渣中分离出铱。名称源于拉丁文“iris”，意为“彩虹”，因其氧化物具有多种颜色。

铱是银白色金属，硬而脆，密度22.65g/cm^3，是密度最大的金属。铱常温下难以机械加工，硬度和熔点均高于铂，化学性质极稳定，是耐腐蚀性最强的金属，用于制造科学仪器、热电偶、电阻线等。铱铂合金用于制造笔尖。皮下注射针头和火箭中皆用到铱，需要绝对纯净的材料。国际标准米尺是用10%铱和90%铂的合金制成的（现改用氪原子自然振动的波长作为长度米的标准）。$ZrIr_2$、$ThIr_2$ 等皆为超导体。铱的化合物还用作有机合成的催化剂。

78号元素 Pt 铂

1735年德·乌罗阿（D. A. de Ulloa，西班牙）在秘鲁的金矿中发现了铂锭。1741年武德（C. Wood，英国）又在西班牙采集到嵌有铂粒的砂石。名称源于西班牙文“platina”，意为“银”，因它看起来似银。自然界中，除以单质或合金形式存在外，还有硫铂矿（PtS）和砷铂矿（$PtAs_2$）等矿物。

铂是银白色金属，质地软，富延展性，化学性质稳定。灰色的海绵铂以及铂黑粉均有吸收气体的能力，尤能吸收大量氢气。铂是重要的货币金属，俗称白金，价格高于黄金，也用于制作首饰、镶嵌钻石，铂饰品素雅高贵。铂常用于制铂盐、催化剂（铂黑、镀铂石棉）和化学仪器，如铂器皿、铂电极等。Co、Cr、Pt形成的合金是重要的磁记录材料，用于制作磁盘。极薄的铂片（厚度约100个原子）作为保护层用于导弹头和喷气发动机燃料喷嘴上。铂和铂铑合金用于制热电偶。铱铂合金用于制笔尖。顺铂指平面构型的顺式二氯二氨合铂［$Pt(NH_3)_2Cl_2$］及其衍生物，是常用的抗癌化疗药物。

ds 区第 11 (1B) 族元素 货币金属元素

Cu，Ag，Au (Coinage metal elements)

铜、银、金三种金属传统上用来制造铜钱、银元和金元宝等货币，因而它们被称为货币金属元素。

29 号元素 Cu 铜

古代已知的元素。元素符号取自拉丁文名称“Cuprum”，拉丁文“Cyprus”，意为“塞浦路斯岛”。据载，铜矿石最初是从该岛运到意大利的。铜中加锡所得合金称为青铜。青铜质地坚硬，我国商周时代（商始于公元前 1600 年）是使用青铜器的鼎盛时期，称青铜时代。重要矿物有孔雀石［$CuCO_3 \cdot Cu(OH)_2$］、黄铜矿（$CuFeS_2$）、辉铜矿（Cu_2S）和赤铜矿（Cu_2O），但含铜品位都不高。

铜是红色有光泽金属，质地坚韧，富延展性，且有很高的导热和导电性能，用于制作导线和电器元件。铜的合金除青铜、白铜外，主要是黄铜，它是铜锌合金（Cu 65%，Zn 35%），色泽金黄，具有良好的可塑性、耐磨性、耐腐蚀性，常用作钱币、乐器、机械零件、管材和板材等。铜属中等活泼金属，能和卤素作用，能溶于硝酸或热的浓硫酸，不和盐酸或稀硫酸作用。

生物学作用 铜是人体必需的微量元素，是人体内 30 多种酶的活性成分。同参与造血过程，对骨骼生长、毛发着色、胶原蛋白合成等起着重要的作用。70kg 重成人体内含铜约 90mg，常人每天摄入 2mg 的铜就足够，正常饮食完全可以满足。

47 号元素 Ag 银

古代已知的元素。元素符号取自拉丁文“Argentum”。名称源于古代英文“sylfer”，意为“明亮”。主要矿物有角银矿［Ag(Cl，Br)］、辉银矿（Ag_2S）、黄银矿（Ag_3AsS_3）等，还有自然状态的银。

银是白色而有光泽的贵金属，富延展性，是导热性能和导电性能最好的金属，适合于电子计算机等的电接触材料。银遇硫化氢和硫变黑。银用于制作合金、银箔、焊药、银盐、银币、感光材料等，并应用于珠宝业、装饰业、电子和电器以及医疗等方面。

79号元素 Au 金

古代已知元素，具有灿烂的色泽，金黄明亮，美观悦目。元素符号 Au 取自希腊文“aurora”，意为“灿烂的黎明”。金常以单质存在于自然界，一般呈颗粒较小的沙金，根据密度的差异通过水淘洗而获得。

金是黄色的贵金属。化学性质稳定，耐腐蚀，在空气中不被氧化，保持黄色光泽。单质金熔点高，导电性优良，热稳定性好，延展性极佳，可拉制成细丝，锤打成金箔。纯金较软，和铜银镍等形成合金，硬度增大，耐磨而不变形。合金中金含量按质量分数计，以“K”表示，24K 表示纯金，18K 表示金含量为 75%，即 18/24 = 75%。

黄金的价值 国际上以黄金作货币储备，源于其产量稀少，密度高、稳定、耐腐蚀、体积小而价值大；自古以来，黄金用于制作珍贵的饰物，纯金、包金、镶金、镀金等器皿象征地位的高贵；金因其导电性好，强度高，不易腐蚀，是信息工业的重要材料，用于制作集成电路电子元件。

趣闻故事 金能溶于王水（由浓 HNO_3 和浓 HCl 按体积比 1∶3 配制而成的溶液）。在第二次世界大战期间的 1943 年，匈牙利化学家海维西（G. Hevesy）为避免他获得的金质诺贝尔奖章被纳粹分子窃取，将奖章溶于王水，装入罐中，保存在丹麦玻尔研究所，躲过了纳粹分子的抢掠。战后，海维西将此溶液中的金沉淀出来，交给瑞典科学院，重新制作了一枚新的金质奖章。

ds区第12(2B)族元素　锌族元素

Zn, Cd, Hg　(Zinc group elements)

30号元素 Zn 锌

古代已知的元素。我国是发现和使用锌最早的国家之一。公元前100多年的西汉时期就已用锌和铜制造黄铜，称之为“伪金”，用于铸造钱币。宋代宋应星的《天工开物》中已有炼锌的记载，用炭在密闭的罐中还原炉甘石（$ZnCO_3$）可得金属锌。英文名称“Zinc”1651年开始使用。名称来源有不同说法，一说是源于德语“zinke”，意为“齿状的”——因为金属锌晶体是针状的；另有说法是，“zink”意为“tin-like”，与锡（锡在德语中是zinn）类似。日文名称为“亚铅”，有些从日文翻译的中文书籍仍保留“亚铅”的说法，阅读时注意。

主要矿物有闪锌矿（ZnS）、纤锌矿（ZnS）、菱锌矿（$ZnCO_3$）和红锌矿（ZnO）。

锌为蓝白色金属，有延展性，化学性质较活泼，具有两性，与稀酸反应放出氢气，也可溶于强碱溶液。受热条件下锌可以和大多数非金属反应。

主要用途　(1) 制备黄铜；(2) 作为防护材料，锌的标准电极电势比铁低，镀（或镶嵌）在钢板上，腐蚀自己而保护钢铁；(3) 锌是锌锰干电池的负极材料，以锌皮作为外壳，电池中心包有正极活性物质二氧化锰的石墨棒，二者之间填充氯化锌、氯化铵与适量水组成的浆状物，起到电解质的作用。锌锰电池的电压稳定在1.5～1.6V。

生物学作用　锌是人体必需的微量元素，70kg成人体内含锌约2.0～3.0g。锌是人体内200多种酶的组成成分，直接参与人体内细胞的生长发育以及生殖和组织修复等生命代谢过程。含锌的酶是种类最多的金属酶。例如，20世纪六七十年代我国人工合成并测定晶体结构的胰岛素就是一种含锌的金属酶。缺锌会导致皮肤炎、儿童生长受阻、视力衰退、味觉及嗅觉异常等。一般的植物大约含有百万分之一的锌，个别的植物较高，如芹菜含锌量为万分之五。厩肥和草木灰中也含微量锌。锌摄入过量亦不利于健康，镀锌容器存放酸性食物可能导致过量的锌进入人体。

48号元素 Cd 镉

1817年斯特罗迈厄（F. Stromeyer，德）在进行药物管理巡察时，发现有药商用碳酸锌代替氧化锌配药。为了弄清这种假冒的缘由，他将这种碳酸锌进行处理，控制条件使碳酸锌溶解，发现仍然余有白色沉淀，沉淀灼烧变为褐色粉末——不同于白色的氧化锌，他认为这有可能是一种新元素的氧化物，使用烟炱进行还原，得到了一种有金属光泽的蓝色粉末，在进一步研究后，斯特罗迈厄确认这是一种新元素。鉴于这种元素和锌共生在一起，于是就将其命名为“Cadmium”，源于拉丁文“cadmia”——锌渣，碳酸锌（菱锌矿）。镉主要存在于硫镉矿中。少量存在于闪锌矿中（与锌共生），是冶炼锌矿时的副产品。

镉是银白色微带蓝色光泽的金属，质软易切割，主要用于光电材料及陶瓷和玻璃的着色。镉吸收中子的能力很强，故用于核反应堆中作控制棒和屏障。镉可以占据一些酶中锌的位置，使酶失去活性。镉本身毒性很低，但镉化合物毒性很大，痕量水平对人体就有毒。“骨痛病”是镉中毒最典型的例子，镉进入人体后导致骨质疏松、骨头变形并引发疼痛。镉在人体内还可以形成镉硫蛋白，蓄积于肾和肝中，与含羟基、氨基、巯基的蛋白质分子结合，影响酶的功能，导致蛋白尿和糖尿等症状出现。

正常情况下，植物含镉较低，但被镉污染的土壤中，农作物特别是大米的镉含量升高，变成镉米（米中的含镉量超过 1.3mg/kg），因此，要特别注意工业废水中镉对农业生产的污染。

80号元素 Hg 汞

古代已知的元素。拉丁文 Hydragyrum，意为液态银。英文名“Mercury”乃“水星”之意。因其外观如银似水，中国俗称水银。主要矿物为辰砂（HgS），少量的汞呈自然状态存在。

汞是常温下唯一呈液态的金属（熔点最低，为 -38.87℃），银白色，易流动，蒸气压高，表面张力大。汞洒落后，分散成小滴状，在温度升高时迅速蒸发。汞蒸气有剧毒！汞蒸气浓度达到 1～3mg/m^3 时，吸入数小时后可引起急性中毒，严重时发生肺炎及肾损伤。元素汞易溶于脂质，通过细胞膜进入血液，在体内氧化成二价汞离子后，在脑组织中积累，与蛋白质的巯基（—SH）结合，使含巯基的酶失活，妨碍细胞的正常代谢，引起脑、肾脏和黏膜及神经系统的病变。

汞盐均有毒。氯化汞（升汞）的致死量为 0.3g。汞污染受到世界关注始于 1953 年发生在日本水俣市的一种以脑损害为特征的“水俣病”，该病由甲基汞等有机汞毒害所致（食用受汞污染的水体中所产鱼虾），无机汞在环境中可转化为烷基汞。甲基汞还有致畸变、对细胞遗传物质造成损伤、染色体断裂等生物学效应。

我国规定汞的最高容许浓度大气中为 0.0003mg/m^3（居住区）；0.01mg/m^3（车间）；饮用水 0.001mg/L（无机汞）。

汞能溶解多种金属生成合金，统称汞齐。汞是常温下形成合金能力最强的金属。氯碱工业中电解氯化钠常用汞作为阴极材料，Na^+ 在阴极还原为金属钠，融入汞中形成汞齐，用水处理，Na 和 H_2O 反应生成 NaOH 和 H_2，汞又流回进入电解槽的阴极。汞用于制造多种物理仪表（气压计、温度计、恒温器等）、汞蒸气灯、汞整流器、汞电池、汞电极、催化剂、补牙材料（银汞齐）、农药和引信（雷酸汞）。

f区第3(3B)族57~71号元素　镧系元素

La~Lu (Ln)　(Lanthanoid elements)

镧系元素的发现和分离

镧系元素(Ln) 加上钪和钇统称稀土元素 (RE)。稀土元素在天然矿物中常共生在一起。重要的有独居石 [$(Ce,La)PO_4$]，氟碳铈镧矿 [$(Ce,La)(CO_3)F$]，铈硅石 [$Ce_3(SiO_4)_2OH$]、黑稀金矿 [$Y(Nb,Ti)_2O_6$]、褐铈铌矿 [$CeNbO_4$] 以及硅铍钇矿 [$FeY_2(BeSi_2O_{10})$] 等。历史上，从这些矿物中发现和分离出镧系元素的情况列于下面几个图表中。

表1　镧系元素的发现

原子序数	元素符号	中文名称	发现方法	发现年代	发现人
57	La	镧	从铈土中分离出氧化镧	1839	莫桑德尔(C. G. Mosander,瑞典)
58	Ce	铈	从铈硅石中分离出铈土	1803	贝采利乌斯(J. J. Berzelius,瑞典)和希生革尔(W. Hisinger,瑞典);克拉普罗特(M. H. Klaproth,德)
59	Pr	镨	从氧化镨钕中分出氧化镨	1885	威斯巴赫(B. A. von Welsbach,奥)
60	Nd	钕	从氧化镨钕中分出氧化钕	1885	威斯巴赫(B. A. von Welsbach,奥)
61	Pm	钷	人工检验铀裂变产物;中子轰击钕	1947	马林斯基(J. A. Marinsky,美)等
62	Sm	钐	从不纯氧化镨钕中分离出钐土	1879	布瓦斯博德朗(L. de Boisbaudran, 法)
63	Eu	铕	从不纯氧化钐中分离出氧化铕	1901	德马尔赛(E. A. Demarcay,法)
64	Gd	钆	(1)从铌酸钇矿中分出氧化钆 (2)从不纯氧化钐中分出氧化钆	1880 1886	马利纳克(J. C. G. Marignac,瑞士) 布瓦斯博德朗(L. de Boisbaudran,法)
65	Tb	铽	从钇土中分离出铽土	1843	莫桑德尔(C. G. Mosander,瑞典)
66	Dy	镝	从不纯氧化钬中分离出氧化镝	1886	布瓦斯博德朗(L. de Boisbaudran,法)
67	Ho	钬	从不纯氧化铒中分离出氧化钬	1879	克利夫(P. T. Cleve,瑞典)
68	Er	铒	从钇土中分离出铒土	1843	莫桑德尔(C. G. Mosander,瑞典)
69	Tm	铥	从不纯氧化铒中分离出氧化铥	1879	克利夫(P. T. Cleve,瑞典)
70	Yb	镱	从硅铍钇矿中的铒土分离出氧化镱	1878	马利纳克(J. C. G. Marignac,瑞士)
71	Lu	镥	从不纯氧化镱中分离出氧化镥	1907	乌尔班(G. Urbain,法)

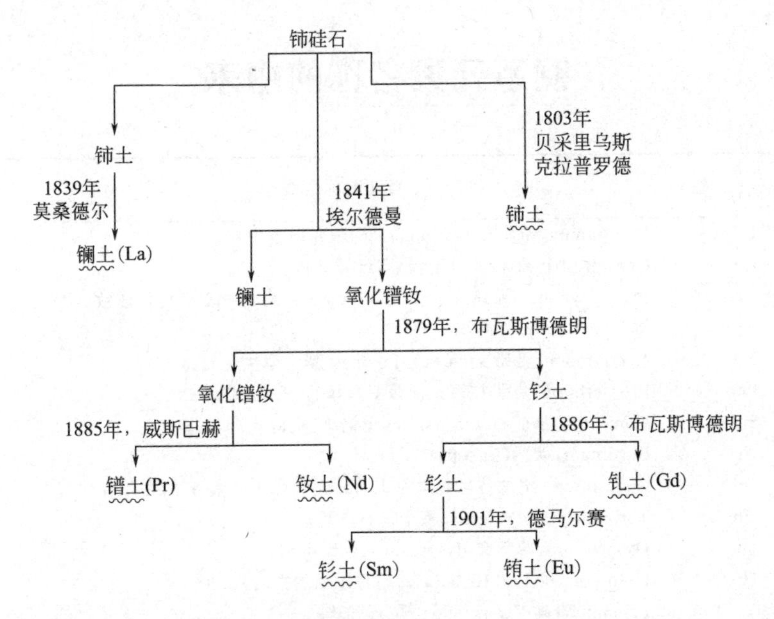

图 1　从铈硅石（Cerite）中分离得到 La，Ce，Pr，Nd，Sm，Eu，Gd 的历史

注：图中名称下画波浪线的是单一元素的化合物

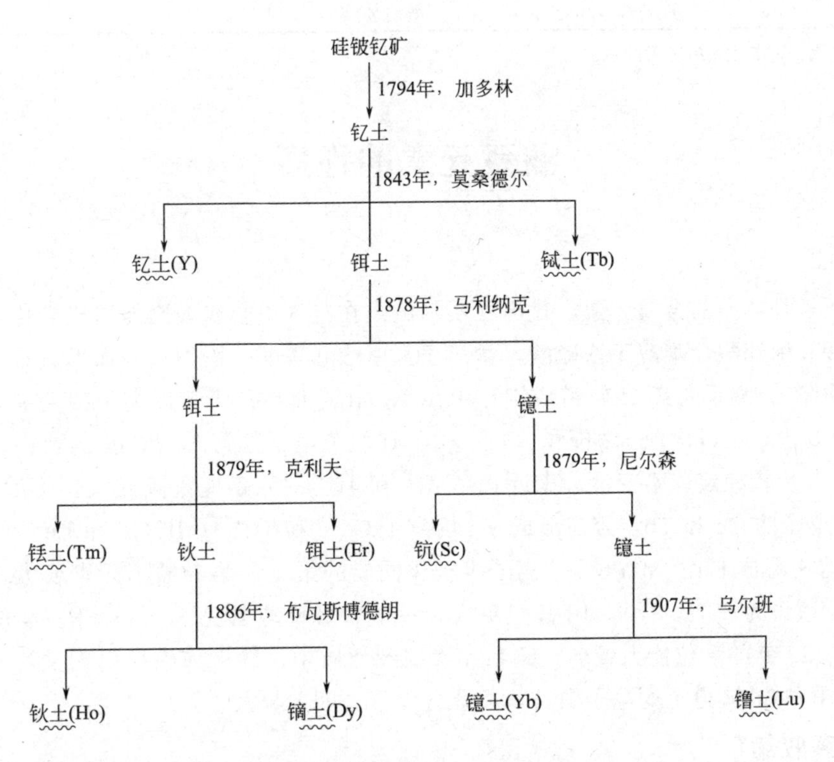

图 2　从硅铍钇矿（gadolinite）中分离得到 Sc，Y，Tb，Dy，Ho，Er，Tm，Yb，Lu 的历史

注：图中名称下画波浪线的是单一元素的化合物

镧系元素名称的由来

原子序数	元素符号	英文名称由来	中文名称由来[①]
57	La	Lanthanum，希腊文 lanthanein（隐藏在稀土中）	镧
58	Ce	Cerium，小行星 Ceres，比钍早两年发现	铈
59	Pr	Praseodymium，希腊文 prasios + didymos（绿色 + 孪生），从镨钕混合物中分离得到	镨
60	Nd	Neodymium，希腊文 neos + didymos（新 + 孪生）	钕
61	Pm	Promethium，希腊神话火神普罗米修斯（Prometheus）	钷
62	Sm	Samarium，从矿石 samarskite（铌钇矿）获得	钐
63	Eu	Europium，欧洲（Europa）	铕
64	Gd	Gadolinium，纪念芬兰化学家 J. Gadolin，稀土元素 Y 的发现者	钆
65	Tb	Terbium，瑞典 Ytterby（稀土矿石产地）	铽
66	Dy	Dysprosium，希腊文 dysprositos（难以得到）	镝
67	Ho	Holmium，拉丁文 Holmia（斯德哥尔摩的古名）	钬
68	Er	Erbium，瑞典 Ytterby（稀土矿石产地）	铒
69	Tm	Thulium，Thule（斯堪的纳维亚旧名）	铥
70	Yb	Ytterbium，瑞典 Ytterby（稀土矿石产地），这个城镇的名字命名了四个元素（Y，Tb，Er，Yb）	镱
71	Lu	Lutetium，拉丁文 Lutetia（巴黎旧名）	镥

① 均系金属，由英文名称音译而来。

镧系元素的性质

1. 通性

镧系元素是典型的金属元素，化学性质活泼。在空气中金属表面能形成氧化物，能溶于盐酸、硝酸和稀硫酸，难溶于浓硫酸，微溶于氢氟酸和磷酸（因为在表面形成难溶的氟化物和磷酸盐薄膜）。镧系元素 4f 轨道成键作用很小，化合物中的键型以离子键为主。离子的价态通常是 +3 价，也可出现 +2 价和 +4 价。若 4f 轨道电子数为 0，7，14 的全空、半满和全充满时，+3 价较稳定，不变价。靠近 $4f^0$，$4f^7$ 和 $4f^{14}$ 的元素变价倾向大，例如，比 La 和 Gd 多一个电子的 Ce 和 Tb，容易形成 +4 价离子 Ce^{4+} 和 Tb^{4+}；比 Gd 和 Lu 少一个电子的 Eu 和 Yb 容易形成 Eu^{2+} 和 Yb^{2+}。离子半径比同族的第 4 和第 5 周期元素要大，在配位化合物中配位数可为 6，7，8，9，10 甚至更大，一般 8 和 9 较常见。与 O、F、N 的配位能力较强，而与 S、P 的配位能力较弱。镧系元素物理性质中，发光和磁性引人关注——这些性质取决于 4f 和 5d 轨道上的电子数目，因此各元素之间差异大。

2. 镧系收缩

镧系收缩指镧系元素随着原子序数增加，相应的原子和离子的半径有规则地减小的现象。从镧系元素的价电子组态看，随着原子序数增加，即核电荷增加，4f 电子也增加（La 是增加到 5d 轨道上，Ce、Gd、Lu 也用到 5d 轨道），对最外层的 6s 电子而言，增加的 4f 和 5d 电子不能全部屏蔽所增加的核正电荷，因而有效核电荷增加，对 6s 电子的吸引力增强，使原子（和离子）半径随着原子序数的增加而缩小。注意在15个镧系元素中，Eu和Yb的原子半径特别大，是个例外。这是由它们的价电子组态分别为Eu($4f^7 6s^2$) 和 Yb($4f^{14} 6s^2$)，失去2个6s电子后满足价轨道为半充满和全充满的结构。由于其参与形成金属键的电子都只有2个，比其他元素少一个电子，化学键弱，原子半径大。对+3价的Ln^{3+}，4f轨道的电子数目从La^{3+}的0个到Lu^{3+}的14个，稳定地增加，没有这种反常现象。离子半径的大小，对于同一种原子总是随着配位数的不同而异。配位越高，离子半径大。在一般文献中，常选配位数为6作参考标准。镧系元素的配位数最常见的是8，按这个配位数，Ln^{3+}的半径值（单位为pm）如下：

La^{3+}	Ce^{3+}	Pr^{3+}	Nd^{3+}	Pm^{3+}	Sm^{3+}	Eu^{3+}	Gd^{3+}	Tb^{3+}	Dy^{3+}	Ho^{3+}	Er^{3+}	Tm^{3+}	Yb^{3+}	Lu^{3+}
116	114	113	111	109	108	107	105	104	103	102	100	99	99	98

镧系收缩效应对元素周期性质有明显的影响，举三例如下：

(1) 在全部单质中，密度 $>19\ g/cm^3$ 的元素有W、Re、Os、Ir、Pt、Au，它们都是在镧系元素之后。

(2) 导致第6周期过渡金属元素与其同族第5周期元素的性质相似，如Zr和Hf，Nb和Ta，Mo和W等。这些原子半径相近，价电子组态相似，相同状态的离子大小相近，性质相似，在天然矿物中常以同晶置换的形式共生在一起，为找矿提供依据，也使它们很难用化学方法加以分离。

(3) 铂和金化学性质特别稳定，镧系收缩效应以及5d电子的填充使铂和金的价电子受核的吸引力增强，活泼性降低，加上它们光泽明亮，延展性好而易于加工，成为名贵首饰的原料和货币金属。

稀土元素的应用

1. 混合稀土的应用

从储量较大的稀土矿物独居石和氟碳铈矿中还原生产的合金，稀土的主要成分为Ce，La和Nd以及少量的Pr和Sm，由于它们不易分离，工业上常直接作为一种原材料加以应用，商业上称他们为混合稀土金属（mischmetal）。它主要用在冶金工业、特别是钢铁的冶炼中。钢铁中加入0.1%～0.5%的稀土金属，就能使其性能有质的飞跃，因为稀土金属能和钢铁中的H、N、O、S结合成稀土化合物而除去，并能改变钢铁的相结构，改善钢铁的热加工性、韧性、耐氧化性和抗高温腐蚀性，提高其力学性能。在不锈钢中加万分之几的稀土金属，就能在轧制时减少裂纹，提高性能。将稀土金属加入镁合金和锆合金，可用作航空航天材料，如此等等，人们把稀土金属称为“冶金工业的维生素”。

2. 纯稀土元素应用实例

(1) 磁性材料　$SmCo_5$，Sm_2Co_{17} 和 $Nd_2Fe_{14}B$ 分别是第一代、第二代和第三代稀土永磁材料的代表。永磁材料是重要的功能材料，涉及许多高新技术，在生产中起重要作用，前景十分广阔。

Gd在磁制冷技术中有重要作用。由于Gd原子中的电子磁矩大，在磁场中有序排列，磁熵减小，引起磁工质（即磁制冷材料）发热；去掉磁场后，磁矩排列无序，磁熵增大，磁工质从周边环境吸热，这种放热和吸热作用称磁热效应。可用于磁制冷冰箱，即让放的热传到箱外，而从箱内吸热，就可使冰箱制冷。

Tb和Dy具有明显磁致伸缩效应，即将它们做成的材料放到磁场中，材料在磁化方向上的长度会发生变化。例如$Tb_{0.27}Dy_{0.73}Fe_{1.95}$的合金，室温下长度改变率可达1.5mm/m。可通过磁场控制阀门、制动器和太空机械的调节。

（2）荧光材料　彩色电视屏幕的荧光粉掺不同的稀土元素，在阴极射线的激发下可发射不同色彩的光。掺Tb激活的磷酸盐发绿光；掺Eu的Y_2O_3氧化物发红光。

（3）超导材料　从20世纪80年代发现$YBa_2Cu_3O_7$等高温超导材料以来，探索稀土元素在实用性强的超导材料的作用和应用，已成为重要的科研热点之一。

（4）催化剂　有些稀土元素容易变价，如Ce^{3+}和Ce^{4+}，在催化剂载体中掺入铈的氧化物，可提高催化性能。

f区第3(3B)族89~103号元素 铜系元素

Ac~Lr (An) (Actinoid elements)

锕系元素（An）是第7周期第3族（3B）元素的总称，包括原子序数89～103号共计15种元素，常用符号An表示。锕系15种元素全部是放射性元素。前4种Ac，Th，Pa和U存在于自然界，其余11种全部是人造元素，由人工核反应合成。

锕系元素的发现或人工合成

原子序数	元素符号	中文名称	发现过程和反应	
89	Ac	锕	1899年，德比尔纳(A. L. Debierne，法)化学分离沥青铀矿，探测放射性得到	
90	Th	钍	1829年，贝采利乌斯(J. J. Berzelius，瑞典)分析硅酸钍($ThSiO_4$)的化学成分，经过比对判定是新元素	
91	Pa	镤	1913年，法扬斯(K. Fajans，波兰)和高玲(O. H. Göhring，波兰)研究U的放射产物系列得到	
92	U	铀	1789年，克拉普罗特(M. H. Klaproth，德)分析沥青铀矿分离得到黄色的铀酰化合物($(UO_2)CO_3$)	
93	Np	镎	1940年，美国麦克米伦和艾贝尔森等用中子轰击^{238}U，得到Np，半衰期2.36d	$^{238}_{92}U + ^{1}_{0}n \longrightarrow ^{239}_{92}U \longrightarrow ^{239}_{93}Np + \beta^-$
94	Pu	钚	1940年，美国西博格等用氘轰击^{238}U得到Pu，半衰期87.7a	$^{238}_{92}U + ^{2}_{1}D \longrightarrow ^{238}_{93}Np + 2(^{1}_{0}n)$；$^{238}_{93}Np \longrightarrow ^{238}_{94}Pu + \beta^-$
95	Am	镅	1944年，美国西博格等用中子轰击^{239}Pu，得Am，半衰期432a	$^{239}_{94}Pu + ^{1}_{0}n \longrightarrow ^{240}_{94}Pu$；$^{240}_{94}Pu + ^{1}_{0}n \longrightarrow ^{241}_{94}Pu$；$^{241}_{94}Pu \longrightarrow ^{241}_{95}Am + \beta^-$
96	Cm	锔	1944年，美国西博格等用α粒子轰击^{239}Pu，所得新元素的同位素半衰期长达163d	$^{239}_{94}Pu + ^{4}_{2}He \longrightarrow ^{242}_{96}Cm + ^{1}_{0}n$
97	Bk	锫	1949年，美国汤普森等用α粒子轰击^{241}Am，所得新元素的同位素半衰期4.5h	$^{241}_{95}Am + ^{4}_{2}He \longrightarrow ^{243}_{97}Bk + 2(^{1}_{0}n)$

续表

原子序数	元素符号	中文名称	发现过程和反应	
98	Cf	锎	1950年，美国汤普森等用α粒子轰击^{242}Cm，所得新元素的同位素半衰期45min	$^{242}_{96}Cm + ^{4}_{2}He \longrightarrow ^{245}_{98}Cf + ^{1}_{0}n$
99	Es	锿	1952年，美国在马绍尔群岛进行氢弹爆炸实验，吉奥索、西博格等16位科学家对现场废灰进行研究，发现了Es，1953年发现了Fm。反应过程使^{238}U变成^{235}U，经一系列β-衰变，先生成Cf，再衰变为Es（半衰期20.5d），继续衰变为Fm（半衰期20.1h）	
100	Fm	镄		
101	Md	钔	1955年，美国吉奥索等在回旋加速器中用α粒子轰击Es得到Md，所得新元素的同位素半衰期为1.3h	$^{253}_{99}Es + ^{4}_{2}He \longrightarrow ^{256}_{101}Md + ^{1}_{0}n$
102	No	锘	1958年，美国吉奥索等在重离子线性加速器中用^{12}C轰击Cm，得No，所得新元素的同位素半衰期55s	$^{246}_{96}Cm + ^{12}_{6}C \longrightarrow ^{254}_{102}No + 4(^{1}_{0}n)$
103	Lr	铹	1961～1965年，美国吉奥索等分别用^{10}B轰击Cf、^{18}O轰击Am，获得^{256}Lr和^{258}Lr，半衰期分别为3.9s和28s	$^{250}_{98}Cf + ^{10}_{5}B \longrightarrow ^{258}_{103}Lr + 2(^{1}_{0}n)$ $^{243}_{95}Am + ^{18}_{8}O \longrightarrow ^{256}_{103}Lr + 5(^{1}_{0}n)$

锕系元素名称的由来

原子序数	元素符号	英文名称的由来	中文名称①
89	Ac	Actinium，希腊文aktinos(光线)	锕
90	Th	Thorium，北欧神话中的雷神Thor	钍
91	Pa	Protactinium，希腊文protos＋aktis(原始＋放射性)，由镤可衰变为锕	镤
92	U	Uranium，天王星(Uranus)	铀
93	Np	Neptunium，海王星(Neptune)	镎
94	Pu	Plutonium，冥王星(Pluto)	钚
95	Am	Americium，美洲(the America)	镅
96	Cm	Curium，纪念居里夫妇(Curie)	锔
97	Bk	Berkelium，该元素发现地为加州伯克利(Berkeley)	锫
98	Cf	Californium，该元素发现地为美国加州(Califonia)	锎
99	Es	Einsteinium，纪念爱因斯坦(A. Einstein)	锿
100	Fm	Fermium，纪念意大利核物理学家费米(E. Fermi)	镄
101	Md	Mendelevium，纪念俄国化学家门捷列夫(D. Mendeleev)	钔
102	No	Nobelium，纪念瑞典化学家诺贝尔(A. Nobel)	锘
103	Lr	Lawrencium，纪念美国物理学家劳伦斯(E. Lawrence)	铹

① 均系金属，中文名称是从英文名称音译而来。

锕系元素的性质和应用

1. 性质

锕系元素的化学性质相对较为活泼，并且具有多样性。Ac，Th，Pa和U均可以形成多种价态（常见的有＋2～＋6价），高价离子在水溶液中以氧合的形式存在，如AnO^{2+}，

AnO_2^+ 和 AnO_2^{2+}。锕系元素的离子多显明亮的颜色。铀和钍在地壳中含量较高，且钍比铀要多三倍。主要矿物有钍石（$ThSO_4$）和方钍石（ThO_2）。在人工合成的锕系元素中，只有Pu,Np,Am,Cm的年产量达到4kg以上。Bk为克量级，其余的元素都很少。实际应用的主要有U,Th和Pu。

原子序数	元素符号	主要质量数	半衰期 $t_{1/2}$	第一电离能 I_1/(kJ/mol)	氧化态(化合物)
89	Ac	227	21.8a	499	$+3(AcCl_3)$
90	Th	232	14.1Ga	587	$+2(ThO)$, $+3(ThCl_3)$, $+4(ThO_2)$
91	Pa	231	32.8ka	568	$+3(PaI_3)$, $+4(PaF_4)$, $+5(Pa_2O_5)$
92	U	238	4.47Ga	597.6	$+3(UCl_3)$, $+4(UO_2)$, $+5(U_2Cl_{10})$, $+6(UO_2F_2, UCl_6)$
93	Np	237	2.14Ma	604.5	$+2(NpO)$, $+3(NpF_3)$, $+4(NpO_2)$, $+5(Np_2O_5)$, $+6(NpO_3)$, $+7(Li_5NpO_6)$
94	Pu	244	81Ma	584.7	$+2(PuO)$, $+3(Pu_2O_3)$, $+4(PuO_2)$, $+5(CsPuF_6)$, $+6(PuF_6)$
95	Am	243	7.38ka	578	$+2(AmO)$, $+3(AmF_3)$, $+4(AmO_2)$, $+5(AmO_2^+)$, $+6(AmO_2^{2+})$
96	Cm	247	16Ma	581	$+2(CmO)$, $+3(CmF_3)$, $+4(CmO_2)$
97	Bk	247	1.38ka	601	$+2(BkO)$, $+3(BkF_3)$, $+4(BkO_2)$
98	Cf	251	900a	608	$+2(CfCl_2)$, $+3(CfF_3)$
99	Es	252	460d	619	$+2(EsBr_2)$, $+3(Es_2O_3)$
100	Fm	257	100d	627	$+3[Fm(H_2O)_x]^{3+}$
101	Md	258	51.5d	635	$+3[Md(H_2O)_x]^{3+}$
102	No	259	1.0h	642	$+2[No(H_2O)_x]^{2+}$, $+3[No(H_2O)_x]^{3+}$
103	Lr	260	3min	470	$+3[Lr(H_2O)_x]^{3+}$

2. 应用

（1）制造原子弹　1945年8月6日，美国在日本广岛投下一颗^{235}U型的原子弹，三天后，8月9日在长崎投下^{239}Pu型原子弹。之后不久，8月15日日本宣布无条件投降，第二次世界大战结束。在天然铀矿中，铀的天然同位素主要有^{235}U和^{238}U，二者的天然丰度分别为99.27%和0.72%，要将^{235}U浓缩到可以制造原子弹级的水平，常用方法是将铀和氟反应，生成六氟化铀UF_6。由于氟只有一种同位素^{19}F，而UF_6易挥发，利用$^{235}UF_6$与$^{238}UF_6$气体分子量的差别而导致的扩散速率不同，利用扩散装置或者超速离心机将二者分开，得到浓缩的$^{235}UF_6$，进一步处理制得金属富含^{235}U的铀，它是制造核武器和核工业的重要原料。^{239}Pu的制备是在核反应堆中，用^2D轰击^{238}U制得。

（2）用作核燃料　核反应放出的能量巨大，利用核裂变反应产生的能量发电的工厂，称为核电站。核电站所用的核燃料中，^{235}U浓度较低，发生可控核裂变。此外，随着^{235}U裂变产生的高速中子和^{238}U作用，产生^{239}U，它进一步发生衰变，放出能量，大大提高了核燃料的利用率。

第7周期 104~118号元素 Rf ~ Og

超锕系元素 (Transactinoid elements)

超锕系元素的发现历史

原子序数 元素符号 中文名称	发现情况	命　名
104 Rf 𬬻	1969年，美国科学家用以下反应制得： $^{249}Cf + ^{12}C \longrightarrow ^{257}Rf + 4n$ $^{249}Cf + ^{13}C \longrightarrow ^{259}Rf + 3n$	为纪念英国物理学家 卢瑟福(E. Rutherford) 命名为 Rutherfordium
105 Db 𬭊	1968年，苏联科学家用^{22}Ne轰击^{243}Am $^{243}Am + ^{22}Ne \longrightarrow ^{261}Db + 4n$	为纪念苏联杜布纳(Dubna) 核子研究所的贡献 命名为 Dubnium
106 Sg 𬭳	1974年，美国科学家和苏联科学家同时分别按下面所列方法制得： $^{249}Cf + ^{18}O \longrightarrow ^{263}Sg + 4n$ $^{207}Pb + ^{54}Cr \longrightarrow ^{259}Sg + 2n$	为纪念美国科学家 西博格(G. T. Seaborg) 命名为 Seaborgium
107 Bh 𬭛	1976年，苏联科学家按以下反应制得： $^{209}Bi + ^{54}Cr \longrightarrow ^{261}Bh + 2n$ 1981年，德国科学家按以下反应制得 $^{209}Bi + ^{54}Cr \longrightarrow ^{262}Bh + n$	为纪念丹麦物理学家 玻尔(N. Bohr) 命名为 Bohrium
108 Hs 𬭶	1984年，德国科学家用以下反应制得： $^{208}Pb + ^{56}Fe \longrightarrow ^{263}Hs + n$ 与此同时，苏联科学家用^{55}Mn轰击^{209}Bi也制得	为纪念重离子研究所 所在地德国黑森(拉丁文名称 Hassia)州 命名为 Hassium
109 Mt 鿏	1982年，德国科学家用以下反应制得： $^{209}Bi + ^{58}Fe \longrightarrow ^{266}Mt + n$	为纪念奥地利核物理学家 梅特纳(L. Meitner) 命名为 Meitnerium
110 Ds 𫟼	1994年，德国科学家用以下反应制得： $^{208}Pb + ^{62}Ni \longrightarrow ^{269}Ds + n$	为纪念重离子研究所所在地 达姆施塔特(Darmstadt) 命名为 Darmstadtium

续表

原子序数 元素符号 中文名称	发现情况	命　名
111 Rg 轮	1994年德国科学家用以下反应制得： $^{209}Bi + ^{64}Ni \longrightarrow ^{272}Rg + n$	为纪念德国物理学家 X射线发明者伦琴 (W. Roentgen) 命名为 Roentgenium
112 Cn 鎶	1996年德国科学家按下面方法合成： $^{208}Pb + ^{70}Zn \longrightarrow ^{277}Cn + n$	为纪念波兰天文学家 哥白尼(N. Copernicus) 命名为 Copernicium
113 Nh 鉨	2004年，俄罗斯科学家宣布由115号元素 Mc 发生 α 衰变而得 Nh。2004年日本物理化学研究所与中国科学院合作，宣布合成 Nh： $^{209}Bi + ^{70}Zn \longrightarrow ^{278}Nh + n$	源于日本国的国名 Nihon 命名为 Nihonium
114 Fl 𫓧	2004年，俄罗斯和美国科学家合作按下面反应制得： $^{242}Pu + ^{48}Ca \longrightarrow ^{287}Fl + 3n$	为纪念苏联核物理学家 夫列洛夫(G. N. Flerov) 命名为 Flerovium
115 Mc 镆	2004年，俄罗斯科学家按以下方法制得： $^{243}Am + ^{48}Ca \longrightarrow ^{288}Mc + 3n$ $^{243}Am + ^{48}Ca \longrightarrow ^{287}Mc + 4n$	源于俄罗斯的首都市名 Moscow 命名为 Moscovium
116 Lv 𫟷	2004年，俄罗斯科学家和美国科学家合作以下一反应制得： $^{245}Cm + ^{48}Ca \longrightarrow ^{291}Lv + 2n$	为纪念美国劳伦斯 国家实验室所在地利弗莫尔 (Livermore) 命名为 Iivermorium
117 Ts 石田	美国科学家希望以 $_{36}Kr$ 轰击 $_{83}Bi$ 生成119号元素，历经衰变而生成117，115和113号元素	为纪念美国田纳西州科学家们所作的贡献 命名为 Tennessine
118 Og 氭	2001年，俄罗斯科学家宣布获得： $^{249}Cf + ^{48}Ca \longrightarrow ^{294}Og + 3n$	为纪念俄罗斯科学家尤里奥加涅相 命名为 Oganesson

讨论和思考

元素周期表的改进

自 1869 年门捷列夫发现元素周期律制作出元素周期表以来，随着新元素的不断发现和对原子结构认识的不断深入，元素周期律的本质和元素周期表的内涵不断被揭示出来，科学家们创制出形式多样的元素周期表，通过它表达出各种元素的性质变化规律和相互之间的联系。作为一种重要的工具，元素周期表对现代化学的发展具有指导作用。

迄今周期表有各种各样的呈现方式，常见的有：方框形、扇形、螺旋形、宝塔形、圆盘形、分层排列形、立体延伸形，等等；其中，又有短周期式和长周期式的不同安排，例如横排双族短周期表、横排单族长周期表，等等。每一种排列形式都有其特点，表中所列信息也不尽相同。一百多年来，经过不断修改，目前世界上最常用的是横排单族长周期表。这也是“国际纯粹和应用化学联合会”（英文简称 IUPAC）推荐的周期表形式，其中采用 1～18 的阿拉伯数字分别标记各族的记号，替代之前依据主副族划分而采用ⅠA～ⅧA、ⅠB～ⅧB 或者 1A～8A、1B～8B 等族的标号。IUPAC 和“国际纯粹和应用物理联合会”（IUPAP）组成的工作小组根据新元素发现的报道和确认进展，认证、发布并确定新元素的名称；IUPAC 的专家委员会根据地质分析结果和原子量测定的进展，每隔两三年修订一次原子量数据，将新元素以及修正后的原子量数据列入周期表中发布。

翻阅我国出版的化学教科书和参考书，主要采用 IUPAC 推荐的横排单族长周期表。由于每一横行要排出 18 族的内容，正常字体和排版无法满足，因此多采用以下两种方式呈现：一是附加一个插页，放在书的最后；另一种是将周期表调转 90°排版。这两种处理都不太方便读者阅读，也增加出版的成本。有鉴于此，作者设计了一种竖排单族长周期表（见彩页大周期表的背面），它和横排周期表并无质的差别，但更适合中文书籍的编排。

这种竖排周期表的引入，除了方便读者阅读和使用外，也希望通过这种表达方式，启迪读者对改进周期表进行思考。希望读者能利用电子信息资源，编写简单的变换程序，使横排和竖排两种周期表快速变换，交互使用。学习知识，贵在能抓住基本要领，扩展思维和应用，开拓创新。

原子量测定的进展

原子量是相对原子质量的简称。在本书对应的周期表中，给出了标准原子量和常规原子量。这样处理的原因何在？什么是标准原子量？什么是常规原子量？元素的原子量变化情况如何？为何有些元素的方框中原子量的位置是空白的？在此，我们做个简要的回顾。

历史上，人们曾认为原子量是恒定的，故长期以来原子量一直采用单一数值。20 世纪 50 年代，IUPAC 发现原子量具有不确定性，提出了标准原子量的概念。1951 年发布标准原子量时，指出 S 的原子量包含有 ± 0. 003 的误差，1961 年则给出更多元素原子量的不确定度，不过当时仍认为这是因测量而导致的误差。1967 年，IUPAC 原子量委员会认识到，有些元素（如 H，B，C，O，Si，S 和 Cu）的标准原子量的误差无法减小，这是因为其正常样品中同位素含量有差异。随着原子量测试仪器和方法的改进，原子量测定的准确度大大提升，因此原子量的不确定性主要源于同位素的变化。但直到 2009 年，IUPAC 给出的原子量仍采用单一数值。

自 2009 年开始，对于相应同位素在不同样品中变化显著的元素给出标准原子量区间值。至最新一次修订（2013 年），有 12 种元素的标准原子量取为区间值。实际工作中，如需要，可以根据样品的来源，在区间内选取不同的原子量数值。自此，原子量的测定和使用更为规范。但是，在日常的工作中，当所用样品为正常来源时，不需特别考虑样品所含元素的同位素分布，采用单一数值即可，因此，对于标准原子量为区间的元素，同时给出“常规原子量”以便于使用。本书的横排周期表，给出标准原子量，其中 12 种元素的原子量为区间值；在标准竖排周期表中，这 12 种元素的原子量取的是常规原子量。

氢在周期表中的位置

周期表中第 1 个元素氢应当属于哪一族？放在什么位置？值得探讨。

第一种：氢放在第 1 周期第 1 族，因为它的电子组态是 $1s^1$，和第 1 族的其他元素最外层的电子组态 ns^1 一致。从周期表的整体结构来看，这个位置不宜空缺，H 放此处最恰当。然而，H 是非金属元素，与第 1 族其他元素（碱金属）性质相差甚远。例如 H 失去一个电子成为质子 H^+，它和水结合形成 H_3O^+，是酸的基本要素；而碱金属和 H_2O 作用，会放出氢气，生成 MOH、OH^-，是碱的基本要素。

第二种：氢放在第 1 周期第 4 族，置于碳的上方。碳族元素的价层电子组态是 ns^2np^2，易形成 sp^3 杂化轨道，形成半充满组态，和氢相似。碳和硅均为非金属元素，用这些轨道参与共价键的形成。氢与碳类似，和其他元素如碳、氮、氧等均以共价键结合，形成如 CH_4、NH_3、H_2O 等大量常见的化合物。不足之处在于，如此处理，周期表不够美观，且氢电子组态 $1s^1$ 与碳族元素的价层电子组态 ns^2np^2 看起来不一样。碳族元素随着周期的增加，金属性增强，使得氢和此族元素其他成员的性质大不相同。

第三种：氢放在第 1 周期第 7 族，置于 He 的前面，在 F 的上方。第 7 族元素均为非金属，其价层电子组态为 ns^2np^5，得到一个电子就形成满壳层结构。H 原子和卤素原子相似，得到一个电子形成 H^-，它和电负性小的金属元素形成类似卤化物的盐类氢化物，如 NaH、CaH_2 等。在常温常压下，氢和卤素的单质均以双原子分子形式存在。问题是，卤素的价层电子轨道含有 p 轨道，而氢只有 s 轨道。从电负性变化规律（从上往下，依次减小）来看，电负性最大的应该在最上方，而氢不符合这个要求。

如此看来，氢真是一个独特的元素！当然，现用的周期表中，它的位置多采用第一种排法。

元素的相互转变

通过核反应，元素可以相互转变，这是物理学家和化学家共同关心的一个重要的科学领域。下表列出在核反应中常用到的基本粒子及核反应：

粒子中文(英文)名称	符号	典型的核反应
电子(electron)	${}_{-1}^{0}e(\beta^-)$	β^- 衰变：${}_{6}^{14}C \longrightarrow {}_{7}^{14}N + {}_{-1}^{0}e$
正电子(positron)	${}_{1}^{0}e(\beta^+)$	β^+ 衰变：${}_{29}^{64}Cu \longrightarrow {}_{28}^{64}Ni + {}_{1}^{0}e$
质子(proton)	${}_{1}^{1}H(p)$	质子和电子结合：${}_{1}^{1}H + {}_{-1}^{0}e \longrightarrow {}_{0}^{1}n$
中子(neutron)	${}_{0}^{1}n(n)$	中子轰击 Co：${}_{27}^{59}Co + {}_{0}^{1}n \longrightarrow {}_{27}^{60}Co$
α 粒子(α-particle)	${}_{2}^{4}He(\alpha)$	α 粒子轰击：${}_{2}^{4}He + {}_{7}^{14}N \longrightarrow {}_{1}^{1}H + {}_{8}^{17}O$ α 衰变：${}_{92}^{238}U \longrightarrow {}_{90}^{234}Th + {}_{2}^{4}He$

下面列出若干在制造和使用放射性元素时的核反应：

（1）原子弹爆炸：1945 年 8 月 6 日，在广岛上空爆炸的第一颗原子弹，发生的是裂变反应：

$${}_{92}^{235}U \longrightarrow {}_{56}^{137}Ba + {}_{36}^{95}Kr + 3({}_{0}^{1}n) + 200MeV$$

（2）氢弹爆炸：1952 年 11 月 1 日人类第一次利用原子弹爆炸引发的核聚变反应：

$${}_{1}^{2}H + {}_{1}^{2}H \longrightarrow {}_{2}^{4}He + 24MeV$$

（3）制造核燃料：天然铀中可直接用作核燃料的 ${}_{92}^{235}U$ 含量只有 0.72%，${}_{92}^{238}U$ 占到 99.27%。用氘轰击 ${}_{92}^{238}U$，可以得到核燃料 ${}_{94}^{239}Pu$，核反应为：

$${}_{92}^{238}U + {}_{1}^{2}H \longrightarrow {}_{93}^{239}Np + {}_{0}^{1}n$$

$${}_{93}^{239}Np + {}_{0}^{1}n \longrightarrow {}_{94}^{239}Pu + \beta^-$$

（4）制造医疗用的放射性同位素：早期用镭（Ra）治疗癌症，副作用大。现在用于放疗的放射源是 ${}_{27}^{60}Co$，它是将 ${}_{27}^{59}Co$ 放入核反应堆，利用中子轰击得到的：

$${}_{27}^{59}Co + {}_{0}^{1}n \longrightarrow {}_{27}^{60}Co$$

（5）新元素制备：通过核反应可得新元素，例如用锌核轰击铅核，可得鎶：

$${}_{82}^{208}Pb + {}_{30}^{70}Zn \longrightarrow {}_{112}^{277}Cn + {}_{0}^{1}n$$

关于几个元素的命名

化学元素的命名不仅对化学十分重要，也是关系到自然科学、中华文化和全球华语世界沟通的大事。2016年1月本书第一版出版时，原子序数为113、115、117和118的元素尚未命名。2016年11月30日，国际纯粹和应用化学联合会（英文简称IUPAC）核准并发布了4个人工合成元素113、115、117和118的英文名称和元素符号：113号定名为Nihonium，符号为Nh，源于日本国的国名Nihon；115号定名为Moscovium，符号为Mc，源于俄罗斯首都莫斯科的市名Moscow；117号定名为Tennessine，符号为Ts，源于美国橡树岭国家实验室所在的田纳西州州名Tennessee；118号定名为Oganesson，符号为Og，源于俄罗斯知名核物理学家尤里·奥加涅相（Yuri Oganessian）的姓氏。至此，元素周期表中第7周期被全部填满，第1至118号元素形成了一张完整规范的元素周期表。这些元素的中文命名工作随即启动，经过数月的公众提议、两岸协商、专家研讨和学界征询，中国科学院、国家语言文字工作委员会、全国科学技术名词审定委员会联合召开发布会于2017年5月9日发布了新元素的中文名称：113号定名为鉨（音你，nǐ），115号定名为镆（音莫，mò），117号定名为鿬（音田，tián），118号定名为鿫（音奥，ào）。

近年来，我们在参加化学元素镅、𫓧、𫟷的命名征询会议，编著《元素周期表》、《化学元素综论》和《化学辞典》的工作，以及阅读"中国科技术语"期刊的过程中，深感科技名词的重要性和规范化的必要性。在审视114个元素名称时，经过反复思考，并从中华文化的发展和沟通角度出发，建议将99号元素"锿"改为"鑀"，将80号元素"汞"改为"銾"，将64号元素"钆"改为"𬭛"。希望本书读者参加讨论，从中学习有关元素的知识，感悟元素名称的内涵和外延。

99号元素英文名称为einsteinium，符号为Es，该命名是为纪念杰出的物理学家爱因斯坦（A. Einstein）而定名。爱因斯坦举世闻名，所有华文都译为爱因斯坦（爱的繁体字为愛），未见到其他译名，更未见"哀因斯坦"的说法。华文中的"爱"也表达了对这位伟大科学家的崇敬和爱戴，激励后人学习他的科学思想和学说，通过元素的名称也体现出对科学人物的敬重。"哀"在华文中则和悲伤、哀悼关联，以其用于元素之名，丝毫体现不出命名的初衷，反而起到相反的作用，尽管当初命名时有其他因素需要考虑，但和"鑀"或"鑀"与"锿"的选择相比，这些因素都应该退居次要位置。在世界华文领域，我国的台湾、香港、澳门以及海外华侨聚集的新加坡等地，99号元素的名称都是"鑀"。为了沟通的方便，以及祖国统一后文字的统一，建议尽早将"锿"改为"鑀"。

原子序数为80的化学元素汞，我国古已用之，作为化学元素的名字，按命名规则分为非金属和金属两类来处理。对于非金属元素，以其常温常压下的单质的状态给出元素的名称：气态的加"气"字头，液态的加"氵"偏旁，固态加"石"偏旁；而对于金属，加"钅"偏旁，只有"汞"例外。为了元素科学名称的统一性和规范性，建议将"汞"字加上"钅"偏旁，写作"銾"，"汞"和"銾"这两个字可以在一定时期内通用，逐渐过渡统一。如同碳和炭同时出现在汉语词典中，前者为化学元素的名称，后者用在通常的煤炭和木炭等物质。

原子序数64的元素"钆"和39号元素"钇"都属于稀土元素，二者字形太相似，在文章中出现时容易混淆，许多人对"钆"也不能正确发音。为了科学普及的需要以及正确规范的文字表达，建议将"钆"改为"𬭛"。

“元素之最”问答

下面列出一些“元素之最”问答题目供读者阅读时思考。答案可以从元素周期表和元素知识集萃中查得。

1．周期表中元素数目最少的周期是________，它有________个元素；元素数目最多的周期是________，它们各有________个元素。

2．周期表中有18族元素，元素数目最少的族是________，每族有________个元素；元素数目最多的族是________，它有________个元素。

3．常温常压下，密度最小的气体是________，标准状态下密度为________。

4．按质量计，成人人体中含量最多的元素是________，约占人体质量的________%。

5．按原子数目计，成人人体中含量最多的元素是________，约占人体质量的________%。

6．按质量计，地壳含量列居第一位和第二位的元素分别是________和________。

7．同素异构体（又称同素异形体）数目最多的元素是________，写出10种该元素的同素异构体的名称或化学式________________。

8．元素________的同素异构体________是天然存在最硬的矿物，请思考怎样对它进行雕琢。

9．元素________的同素异构体________是天然存在最软的矿物之一，请思考怎样将它加工成薄层使用。

10．由三原子分子形成的最稳定的单质是________，分子的形状为________；由四原子分子形成的最稳定的单质是________，分子的形状为________。

11．常温下，化学性质最活泼的非金属元素是________，它的电负性高达________，吸引电子能力________。

12．发现新元素最多的科学家是________，由他发现的元素有________。

13．能形成氧化态最高的主族元素是________，氧化态可达________；对应的化合物的实例有________。

14．金属锂常用于制造电池，广泛应用于电脑、移动电话、照相机等电子产品。重要原因之一是金属锂很轻且电极电位（E°）值低，数值为________________。

15．有一种金属最怕冻，天冷了会“生病”，表面变为疏松物质并发生粉化，这种金属是________。

16．迄今工业中产量最高的金属元素是________，非金属元素是________。

17．常温下，形成合金能力最强的金属是________。

18．常温下，导电性和导热性最好的金属是________。

19．常温常压下，密度最小的金属是________，密度为________；密度最大的金属是________，密度为________。

20．熔点最高的金属元素是________，它的熔点为________；熔点最低的金属元素是________，它的熔点为________。